CLICKER TRAINING FÜR HÜHNER

Anmerkung zur Schreibweise der weiblichen, männlichen und unbestimmten Form: Ausschließlich aufgrund der deutlich besseren Lesbarkeit wird in diesem Werk auf die jeweilige Mehrfachnennung oder Anpassung der Schreibweise bestimmter Bezeichnungen verzichtet. So stehen die Namen der Vertreter verschiedener Fachbereiche (wie Landwirte, Tierwirte etc.) selbstverständlich für alle, die diese Berufe ausüben oder vertreten.

CLICK WITH YOUR CHICK

Fox Chapel Publishing
903 Square Street
Mount Joy, PA 17552

Fox Chapel Publishers International Ltd.
7 Danefield Road, Selsey (Chichester)
West Sussex PO20 9DA, U.K.

www.facebook.com/companionhousebooks

Bibliografische Information der Deutschen Nationalbibliothek
Die Deutsche Nationalbibliothek verzeichnet diese Publikation in der Deutschen Nationalbibliografie; detaillierte bibliografische Daten sind im Internet über http://dnb.d-nb.de abrufbar.

Wollgrasweg 41, 70599 Stuttgart (Hohenheim)
E-Mail: info@ulmer.de
Internet: www.ulmer.de
Projektleitung: Antje Munk
Übersetzung: Dr. Cornelia Panzacchi
Satz und Lektorat: bookwise medienproduktion GmbH
Herstellung: Stephanie Haun
Umschlag-Gestaltung: Verlag Eugen Ulmer
Reproduktion: timeRay Visualisierungen, Jettingen
Druck und Bindung in Singapur
Printed in Singapore

ISBN 978-3-8186-1034-0

ulmer

CLICKER TRAINING FÜR HÜHNER

Positives Verhalten bestärken, perfektes Timing lernen

Giene Keyes

Inhalt

Dank

Die Liste der Menschen, denen ich dafür danken möchte, dass sie mich bei der Arbeit an diesem Buch unterstützten, ist lang.

Ich danke Heather Lockhart, weil sie eine gut informierte Hühnerkennerin ist und über diese Vögel so ziemlich alles weiß, was es zu wissen gibt. Ich durfte jederzeit mit meinen Fragen zu ihr kommen, und sie hatte stets Antworten parat.

Ein großes Dankeschön geht an Susan Troller, die mich einlud, in ihrem (inzwischen leider geschlossenen) Cluck the Chicken Store Hühner-Clickertraining-Seminare abzuhalten, und die uns – nur halb im Scherz – versicherte, dass Hühner uns fressen würden, wenn sie groß genug dafür wären. Ich muss gestehen, dass ich das ebenfalls glaube.

Ich danke meiner lieben Freundin Stephanie dafür, dass sie alles mag, was Federn, Fell, Zehen und Schnauzen hat. Die Begeisterung, mit der sie über die Tiere spricht, die sie liebt, zieht jeden in ihren Bann und verleitet ihn dazu, Tiere ebenfalls zu lieben.

Ein riesiges Dankeschön sende ich an all die Tierheime und Auffangstationen, die Hühner aufnehmen und die Öffentlichkeit darüber informieren, was für faszinierende und intelligente Wesen diese gewöhnlich leider unterschätzten Vögel in Wahrheit sind.

Ganz besonders danke ich meinem Mann und meinen Kindern. Mein Mann ließ zu, dass ich mir mein erstes Huhn holte und das zweite und das vierzigste. Er nimmt es hin, dass ich verrückte Sachen mache (wie z. B. zu Geflügel-Tauschmärkten zu gehen – allerdings nur ein einziges Mal, nachdem er gesehen hatte, was ich davon mit nach Hause zurückbrachte). Er nimmt es hin, dass ich ein Huhn im Haus halte, weil er weiß, dass mich das glücklich macht. Nein, er nimmt es nicht nur hin, sondern er unterstützt mich bei allem, was ich tue, voll und ganz. Meine drei Kinder verdrehen möglicherweise die Augen, wenn ich mal wieder anfange, einen längeren Vortrag über die Freuden des Hühnertrainings zu halten. Aber meine Tochter ist eine hervorragende Fotografin und sehr geduldig, wenn es darum geht, „genau das richtige" Foto zu schießen. Mein Sohn hat etwas an sich, das bewirkt, dass sich Tiere jeglicher Art sofort zu ihm hingezogen fühlen und einfach nur bei ihm sein und bei allem mitmachen wollen, was er tut. Und mein jüngster Sohn ist mein kleiner Hühnerflüsterer. Ich glaube, dass er Hühner mehr liebt als jeder andere Mensch, und er zeigt mir immer wieder, wie viel Freude diese Wesen schenken können.

Einleitung

Bevor dieses Buch schlüpfte, hatte ich es lange Zeit ausgebrütet. Als ich mir zum ersten Mal Hühner zulegte, ahnte ich noch nicht, dass ich mich nach einem Buch sehnte, das mir erklären konnte, wie man eine Beziehung zu Hühnern aufbaut und diese Vögel trainiert. Im Lauf der Jahre kamen weitere Hühner, andere gingen von mir. Zwei starben ganz plötzlich, einige wurden Opfer von Fressfeinden. Ehrlicherweise muss ich gestehen, dass ich mit dem Hühnertrainieren nicht etwa deshalb anfing, weil ich Hühner so sehr liebte, sondern weil ich eine bessere Hundetrainerin werden wollte. Damals wusste ich noch gar nicht, wie viel Spaß das Training der kleinen Dinosaurier-Nachfahren machen kann. Aber schon bevor ich mit dem eigentlichen Training begann, hatte ich Freude daran, das Federvieh zu beobachten und zu lernen, die einzelnen Individuen auseinanderzuhalten. Heute stelle ich fest, dass auch bei anderen Leuten das Interesse an Hühnern mit zunehmendem Wissen über sie wächst.

Nachdem ich mit meinem Training viel Erfahrung gesammelt hatte, begann ich selbst, Seminare und Workshops zu veranstalten. Dabei merkte ich immer mehr, dass jedes Huhn eine ganz eigene Persönlichkeit besitzt und sich sogar Tiere ein- und derselben Rasse voneinander unterscheiden. Viele Menschen, darunter auch eingefleischte Tierfreunde, überrascht diese Erkenntnis. Ich denke, dass es daran liegt, dass wir gewohnt sind, Hühner als Gruppe wahrzunehmen – vor allem, wenn sie alle gleich aussehen und man sie auf den ersten Blick kaum auseinanderhalten kann. Sobald man sie aber näher kennenlernt, merkt man, dass jedes seinen eigenen Charakter hat, seine ganz besonderen Vorlieben und Abneigungen zeigt und mit seinen Freunden oder Freundinnen enge Beziehungen aufbaut.

Mein erstes Huhn kam 2012 zu mir. Ich wuchs in der Stadt auf, fühlte mich jedoch schon immer sehr vom Landleben angezogen. Was mich zu den Hühnern führte, war mein Interesse am Verhalten von Tieren. Zu diesem Zeitpunkt hatte ich mich bereits über 20 Jahre lang mit dem Verhalten von Hunden (und Menschen) befasst. Ich leitete eine eigene Hundebetreuung und Hundeschule und hatte buchstäb-

Birdie, eines unserer ersten Hühner.

lich schon Tausende von Hunden und ihre Menschen ausgebildet.

Um 2008 hörte ich zum ersten mal von „Chicken-Camps“. Bob Bailey und Terry Ryan veranstalteten sie weltweit und hatten regen Zulauf von Hundebesitzern, weil man bei diesen Kursen seine Fähigkeit zum Hundeausbilden verbessert. Hühner sind unglaublich schnell, und man muss es verstehen, ihre Aufmerksamkeit zu fesseln, weil sie sonst einfach davonlaufen (während ein angeleinter Hund nicht wegkann). Durch die Arbeit mit Hühnern verbessert man das eigene Timing, seine Beobachtungsgabe und vieles mehr. Ich wollte schon immer bei einem derartigen Kurs mitmachen, hatte aber weder die Zeit noch die Mittel dazu. Deshalb beschloss ich ein paar Jahre nach unserem Umzug aufs Land, mir ein paar Hühner anzuschaffen. Als Kind hatte ich ständig um verschiedene Haustiere gebettelt, und meine Mutter hatte dann immer gesagt, ich könnte mir ja später als Erwachsene so viele Tiere halten, wie ich wollte. Also warum sollte ich mir keine Hühner zulegen?

Ein paar Tage vor (ja, ausgerechnet!) Ostern fuhr ich zu einer Freundin und suchte mir fünf niedliche Küken aus, die nicht größer als meine Handfläche waren. Damals wusste ich noch nicht, in welchem Maß diese kleinen Wesen mein Leben und das meiner Familie bereichern würden. Sie erschlossen mir eine neue Welt, in der ich auch neue Freunde fand, und brachten mich dazu, jeden Tag von Neuem über ihre unglaubliche Intelligenz zu staunen. Meine Freundin Susan Troller sagt, Hühner hätten winzige Computerchips als Gehirn und auf diesen Chips wäre das Wissen aus Millionen von Jahren gespeichert.

Als Kind wollte ich unbedingt lernen, wie man Tiere ausbildet. Wir hatten eine Hündin, die merklich aus ihren eigenen Fehlern lernte, doch wenn sie sich über den Mülleimer hermachte, wurde sie zur Strafe dafür längere Zeit im Keller eingesperrt. Wir wussten schlicht nicht, wie wir es ihr sonst abgewöhnen sollten. Ich suchte nach Büchern über Hundeausbildung, fand aber nur solche über das Abrichten von Jagdhunden. Ich hätte unsere Hündin so gern erzogen, und zwar mit einer Methode, die ohne Zwänge und Strafen auskam.

Ich mit meiner Freundin Susan Troller, die früher einen Laden für Hühnerhalterbedarf führte.

Als ich neun Jahre alt war, bekam ich mein erstes Pferd. Ich liebte dieses Tier mehr als mich selbst und begann, in einem Reitstall am Stadtrand Unterricht zu nehmen. Ich weiß noch, wie meine Stute eines Tages in der Reitstunde ungehorsam war. Der Reitlehrer ließ mich absteigen, stieg selbst in den Sattel, schlug sie mit der Gerte und zwang sie, ungefähr 20 Runden um den Platz zu galoppieren. Danach war sie schweißbedeckt und außer Atem, und ich war vollkommen entsetzt. Wie gern hätte ich gewusst, wie ich sie gewaltfrei ausbilden könnte!

Als ich 25 war, bekam ich meinen ersten eigenen Hundewelpen und meldete mich sofort zusammen mit dem knuddeligen schwarzen Labradorbaby für einen Welpenkurs an. Voller Vorfreude ging ich zur ersten Stunde, mit Leine, Halsband, Leckerlis und einem breiten Lächeln im Gesicht. Das Erste, was der Ausbilder tat, war, meinem Welpen das schöne weiche Lederhalsband abzunehmen und ihm ein Ketten-Würgehalsband anzulegen. Ich fand das nicht richtig, wagte es aber weder in diesem Moment noch später, die Kompetenz der Ausbilder anzuzweifeln. So tat ich, was er mir befahl: einen Ruck nach oben für „Sitz!“, einen Ruck nach unten für „Platz“. Wir machten die vorgeschriebenen Fortschritte und durchliefen einen Kurs nach dem anderen. Zwar lernte mein Hund, doch merkte ich genau, dass ihm der Kurs keinen Spaß machte. Und so hielt sich auch für mich das Vergnügen, mit ihm dorthin zu gehen, in Grenzen.

Ich erinnere mich noch gut an den Tropfen, der das Fass zum Überlaufen brachte: Wir waren sozusagen in der „Mittelstufe“ angekommen und sollten das Gehen bei Fuß ohne Leine lernen. Die Ausbilderin kam zu uns und sagte, ich solle meine Leine fallen lassen und Daumen und Zeigefinger auf die Ohren meines Hundes legen. Sie sagte: „Wenn er sich zu weit von Ihnen entfernt, kneifen Sie ihn, so fest Sie können, in die Ohren.“ Daraufhin reichte es mir endgültig! Ich konnte mit dieser Art von Ausbildung einfach nicht mehr weitermachen. Mein Hund sollte glücklich sein und von sich aus mit mir zusammenarbeiten wollen. Es musste einen anderen Weg geben, ihn auszubilden. Das Clickertraining sollte ich erst viele Jahre später entdecken, doch von dem Tag an, an dem ich beschloss, mit den konventionellen Kursen aufzuhören, wandte ich positive Verstärkung an, und zwar bei allen: bei Pferden, Schweinen, Katzen und Hühnern ... ebenso wie bei Ehemännern und Kindern!

Durch das Trainieren von Hühnern habe ich allerdings auch eine gewisse Bescheidenheit gelernt, denn ich habe gemerkt, wie langsam wir Menschen sind. Manchmal denke ich: „Ich habe die Gelegenheit verpasst, dieses Verhalten zu belohnen!“ Zum Glück verzeihen Hühner viel. Sie lernen auch dann, wenn man oft langsamer denkt als sie. Mit der Zeit werden Sie und Ihre Hühner zu einem echten Team und jeweils voneinander lernen. Eine schöne Erfahrung!

Beim Trainieren mit Hühnern geht es nur teilweise um das Schulen unserer Beobachtungsgabe und unserer Reaktionen. Die einzelnen Lektionen sind wirklich großartig, und man ist jedes Mal überwältigt, wenn das Huhn alles richtig gemacht hat. Besonders toll daran aber ist, dass dabei eine Beziehung zwischen Mensch und Huhn entsteht. Das Huhn bindet sich an Sie und will bei Ihnen sein, und Sie werden dasselbe empfinden.

Zum Schluss noch eine Warnung: Dies ist kein Buch über Hühnerhaltung! Hier geht es nicht darum, wie man Hühner versorgt und wie man einen Hühnerstall baut. Solche Bücher gibt es bereits in Massen. Dieses Buch hier beschreibt stattdessen, wie man mit Hühnern nach der Clickermethode arbeitet und wie Sie zu Ihrem Huhn eine echte Beziehung aufbauen können, die beide Beteiligten gleichermaßen bereichernd finden. Ich freue mich sehr, dass Sie sich die Zeit nehmen, sich in die Geheimnisse des Hühner-Clickertrainings einführen zu lassen. Sie werden erstaunt sein ...

Einer der zahlreichen Hühnerställe mit Auslauf, die mein talentierter Mann für unsere Hühner gebaut hat.

Wie Hühner lernen

Wir züchten Portugiesische Wasserhunde. Das ist eine fantastische Rasse, und ich liebe es, sie herzuzeigen und zu erzählen, warum sie so besonders sind. Doch wenn Leute zu uns kommen, die unsere Hunde kennenlernen wollen, landen wir früher oder später stets im Garten bei den Schweinen und den Hühnern. Neulich kam eine Familie mit kleinen Kindern zu Besuch, deshalb holte ich einen Beutel mit Essensresten aus dem Kühlschrank. Wir gingen raus, um die Schweine und die Hühner zu füttern. Mir war gar nicht bewusst, dass ich meinen Gästen während des Fütterns Vorträge über die Tiere hielt. Ich sagte so Sachen wie: „Hört ihr das freundliche leise Geräusch, das der Hahn macht? Er ruft damit den Hühnern zu, dass es hier leckere Häppchen gibt.“ Irgendwann meinte die Frau: „Wow, Sie wissen wirklich viel über Hühner!“ Ich musste über mich selbst lachen und erklärte ihr lächelnd,

Meine Portugiesischen Wasserhunde Axl, Liberty und Tallulah und ich.

Einige unserer Hühner und Schweine haben sich um einen Futterblock versammelt.

warum ich Hühner so interessant finde, und dass ich, je mehr Zeit ich mit ihnen verbringen, desto mehr darüber staune, was für coole Geschöpfe das sind.

Hühner sind verhältnismäßig intelligente und sehr gesellige Tiere, und zu unserem Glück sind sie inzwischen auch gründlich erforscht. Wir wissen heute so viel mehr über sie als früher, und dieses Wissen wird laufend weiter ausgebaut. Im Folgenden liste ich ein paar interessante Entdeckungen aus der Hühnerforschung auf.

Hühner verfügen über ein Repertoire von über 30 Lautäußerungen. Ich erkenne die Laute, mit der eine Glucke ihre Küken lockt, und die Rufe, mit denen eine Henne der Welt verkündet, dass sie ein Ei gelegt hat. Jedes Krähen eines Hahns hat eine besondere Bedeutung. Wenn Hühner herumstehen, „unterhalten" sie sich mit freundlich klingenden leisen Lauten, wenn eines Futter entdeckt hat, ruft es die anderen auf eine besondere Weise herbei. Bestimmte Laute drücken Langeweile aus, andere Aufgeregtheit. Ich erkenne es, wenn mein Hahn seine Mädels zu sich ruft (die ihn aber komplett ignorieren), ich weiß, wie er schreit, wenn er einen Habicht gesichtet hat und sie daraufhin alle in den Stall flüchten. Ich weiß, wie es klingt, wenn sie einander mitteilen, dass es Abend wird und damit Zeit, sich ein Plätzchen zum Schlafen zu suchen ...
Alles in allem kann ich ungefähr 15 Laute und Rufe unterscheiden.

Hühner haben eine soziale Hierarchie. In erster Linie sorgt sie dafür, dass in der Gruppe Ordnung herrscht. Gewöhnlich gibt es eine Alpha-Henne und einen Alpha-Hahn. Ich habe derzeit zwei Hähne (Vater und Sohn, die sich mitunter auch wie Vater und Sohn verhalten).

Die einzigartige Sprinkles.

Baby Checkers will hoch hinaus.

Mein Alpha-Hahn scheint ziemlich tolerant zu sein. Noch nie hat er eine seiner Hennen misshandelt, und sein Sohn scheint ihn weitgehend zu ignorieren. Gelegentlich geht der Alpha-Hahn zu seinem Sohn hinüber und pickt ihn nicht allzu fest auf den Kopf, um ihn daran zu erinnern, wer hier der Boss ist. Meine kleine Zwerghuhnhenne Sprinkles wohnt bei uns im Haus. Sicherlich ist sie eine Alpha-Henne, oder glaubt zumindest, eine zu sein, denn sie hält es immer mal wieder für nötig zu krähen.

Manchmal hole ich mir ein Huhn aus dem Garten ins Haus, um mit ihm zu trainieren. Sofort verändert sich dann die soziale Hierarchie der anderen. Sobald das Huhn nach der Trainingseinheit wieder zu den anderen zurückgekehrt ist, muss sie abermals neu hergestellt werden. Falls ein Alpha-Huhn aus der Gruppe genommen wird, muss dasjenige Huhn, das in der Hierarchie gleich nach ihm kommt, geistig und körperlich in der Lage sein, in die Rolle des Leithuhns zu schlüpfen.

Hühner besitzen emotionale Intelligenz. Unter emotionaler Intelligenz versteht man die Fähigkeit, eigene und fremde Emotionen zu erkennen und mit ihnen umgehen zu können. Ihre drei Komponenten sind: Emotionen erkennen, Emotionen beeinflussen und Emotionen in die Tat umsetzen können. Das heißt, man sollte in der Lage sein, die eigenen Emotionen zu kontrollieren und andere aufzumuntern oder zu beruhigen.

Ist das nicht etwa zu hoch gegriffen, emotionale Intelligenz bei einem Huhn zu vermuten? Nein, keinesfalls, und ich werde täglich Zeugin davon, dass Hühner sie besitzen. Wenn sich Hühner in Sicherheit bringen, weil ein Artgenosse vor einem Fressfeind warnt, tun sie nichts anderes, als Gefühle zu kontrollieren und in rationales Handeln umzusetzen. Wenn eine Henne eine fette Raupe findet und ihre Freundin ruft, damit diese sich das Häppchen holt, fällt das für mich unter die Kategorie „jemandem eine Freude bereiten".

Hühner besitzen die Fähigkeit, Probleme zu lösen. Wer weiß, dass Vögel allgemein ziemlich intelligent sind, sollte darüber nicht überrascht sein. Eine Elster kann ihr Spiegelbild als solches erkennen. Graupapageien können zählen, Objekte nach Farben und Formen sortieren und sogar Wörter aus Menschensprachen nicht nur nachsprechen, sondern auch verstehen. Es gibt niedliche Videos von Kakadus, die zu Musik tanzen – und das taktrein! Krähen und Raben sind schlaue Problemlöser und stellen geschickt Werkzeug her. Die Intelligenz von Hühnern zeigt sich unter anderem darin, dass sie eine Hackordnung aufstellen und die Kunst beherrschen, in der Gruppe ein friedliches Leben zu führen.

Hier ein Beispiel für Problemlösung: Ich hatte mal eine Henne, die nach meinen Füßen pickte, damit ich sie fütterte. Immer wenn ich in die Scheune kam, rannte sie zu mir und pickte nach meinen Füßen, woraufhin ich Futter in ihre Schüssel gab. Sie tat es jeden Tag und schien ziemlich stolz darauf zu sein, mich dazu bringen zu können, das zu tun, was sie wollte.

Dann kam der Sommer, und ich trug oft Flipflops. Natürlich wollte ich nicht, dass sie mich in die nackten Zehen pickte, denn das war ziemlich schmerzhaft. Doch wenn ich sie weggescheucht hätte, hätte sie es weiterhin getan, weil auch dieses Verhalten eine Reaktion von mir dargestellt hätte. Deshalb blieb ich einige Tage lang, wann immer ich in die Scheune ging, dort einfach nur stehen. Am ersten Tag pickte sie ungefähr zehn Minuten lang auf meinen Füßen herum, und als immer noch keine Reaktion kam, begann sie daran zu scharren. Als sie endlich mit dem Picken aufhörte, ging ich zu ihrer Schüssel und fütterte sie. Am zweiten Tag passierte dasselbe, doch hörte sie bereits nach einer Minute damit auf, nach meinen Füßen zu picken. Am dritten Tag hatte sie es ganz aufgegeben. Sie hatte begriffen, was sie nun tun musste, um ihr Futter zu erhalten.

Wenn Vögel im Allgemeinen intelligent genug sind, um Menschen zu verstehen, Werkzeug herzustellen und den Takt zu halten, warum denken die meisten Menschen, Hühner seien dumm? Sie halten Hühner nur für Eier legende Roboter. Dieses Vorurteil ist wohl auf mangelndes Wissen

Jedes Huhn hat seine ganz eigene Persönlichkeit, seine Vorlieben, Abneigungen und Gefühle.

zurückzuführen. Aber allmählich spricht es sich herum, dass die einzelnen Mitglieder einer Herde, eines Rudels oder eines Schwarms Wesen mit eigener Persönlichkeit, mit Gefühlen und Neigungen sind. Natürlich ist es nicht leicht, Hühner als Individuen zu erkennen, wenn sie alle gleich aussehen. Als ich 2004 meine Hundebetreuung gründete, gab es für diese Art von Dienstleistung noch keine große Nachfrage. Deshalb bot ich Freunden und den Freunden von Freunden an, ihre Hunde die ersten Monate lang umsonst tagsüber zu betreuen. Die Hunde hatten miteinander viel Spaß, meine Freunde merkten das und wurden nach den ersten Gratismonaten zu zahlenden Dauerkunden.

Ich erzähle das, weil wir mitunter in einem Raum an die 20 schwarze Labradors oder um die 15 Golden Retriever hatten. Die Besitzer oder potenziellen Kunden konnten die Aufenthaltsräume der Hunde betreten und ihre Interaktionen beobachten. Ich weiß gar nicht mehr, wie oft ich gefragt wurde: „Wie können Sie die bloß auseinanderhalten?“ Wir antworteten stets: „Wenn man ihre Persönlichkeiten kennt, kann man sie leicht voneinander unterscheiden.“ Es geht nicht immer nur darum, dass der eine Hund eine längere Schnauze hat oder einen stärker gebogenen Schwanz. Am stärksten unterscheiden sie sich durch ihre verschiedenen Persönlichkeiten voneinander.

Ich bin mir sicher, dass Hühner ebenso wie Menschen, Hunde, Elefanten und Lebewesen vieler anderer Arten lebenslange Freundschaften aufbauen. Gänse und einige andere Vogelarten bleiben ein Leben lang ihrem Partner treu. Von Elefanten weiß man, dass sie Freunde nach jahrelanger Trennung wiedererkennen. Ebenso heißt es, dass sich Schleiereulen emotional an einen Partner binden und auch mal nur kuscheln, um zu kuscheln (und nicht immer nur, um sich fortzupflanzen).

Wusst en Sie schon ...?

Neuesten Studien zufolge sind die Kommunikationsfähigkeiten von Hühnern mit denen mancher Primaten vergleichbar. Auch Hühner teilen ihre Absichten durch komplexe Kommunikation mit. Auf einem australischen Gnadenhof sagt man deshalb gern: „Wenn jemand zu Ihnen ‚Spatzenhirn' sagt, dann bedanken Sie sich. Vielleicht ist es das schmeichelhafteste Kompliment, das Sie jemals bekamen."

Können Sie sich vorstellen, dass dies – in vielleicht sogar noch stärkerem Maße – auch bei Hühnern der Fall ist? Ich schon. Mehrmals im Jahr bringe ich ein neues Huhn oder mehrere neue Hühner in die Gruppe, und diese Neulinge neigen dazu, für sich zu bleiben oder eine eigene Mini-Gruppe zu bilden. Ich kenne Fälle, in denen ein Huhn aus einem befreundeten Paar von einem Fressfeind getötet wurde (ja, so etwas kommt leider immer wieder vor), und das überlebende Huhn findet nach diesem Verlust keine neue Freundin mehr, was ich sehr traurig finde. Ich glaube, dass Hühner zusammen aufwachsen müssen, damit sie aufeinander geprägt sind und zwischen ihnen Beziehungen entstehen. Sicherlich gibt es auch Hühner, die in einer späteren Lebensphase Freundschaften schließen, aber bei meinen kam das bisher noch nie vor.

Ich bin überzeugt davon, dass Hühner ebenso wie viele andere Tiere auf mehrere unterschiedliche Weisen lernen. Ihr Verhalten ist wohl teilweise angeboren und teilweise erworben. Angeborenes Verhalten hat zur Folge, dass sich Hühner verschiedener Rassen unterschiedlich verhalten.

Geborgenheit im Training

Es ist sehr wichtig, dass sich die Hühner während des Trainings wohl und geborgen fühlen und man sie in aller Ruhe an das Lernen heranführt. In ihrem Blog (https://drsophiayin.com/blog) schreibt Sophia Yin: „Das Einüben einfacher Aufgaben gelingt, wenn ein paar Voraussetzungen gegeben sind: ein hungriges Tier in einer angenehmen Umgebung und ein Trainer mit gutem Timing."

So sind etwa viele Zwerghuhnrassen relativ nervös und stärker fluchtbereit – deshalb lassen sie sich nicht so leicht trainieren. Mein Liebling Sprinkles aber ist am liebsten in meiner Nähe, sobald ich sie aus ihrem Auslauf lasse. Sie wurde praktisch als Einzelgängerin geboren, weil aus den anderen Eiern des Geleges keine Küken schlüpften. Wenn sie Geschwister und eine Gruppe zum Hineinwachsen gehabt hätte, wäre sie wohl nicht so stark auf mich geprägt. Aber so, wie die Dinge eben liegen, kommt es mir vor, als liebe sie mich ebenso sehr, wie ich sie liebe. Dann haben wir noch die niedliche kleine Silkie, eine Zwergseidenhenne. Diese Art ist für Kinder perfekt, denn die Tiere lassen sich bereitwillig hochnehmen und sitzen dann zufrieden auf dem Schoß.

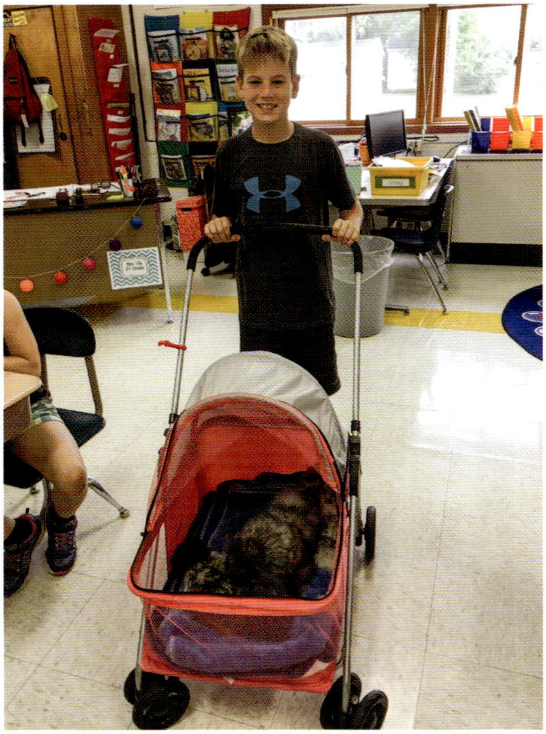

Seidenhühner eignen sich hervorragend für Besuche in Schulen.

Sobald man ein Huhn aus der Gruppe nimmt, blüht seine Persönlichkeit regelrecht auf. Solange Hühner in ihrer Gruppe sind, müssen sie die Hackordnung einhalten und sich um ihre Tagesgeschäfte kümmern, als da wären: Futter suchen, Eier legen, Staubbäder nehmen und bei Einbruch der Dunkelheit rechtzeitig einen guten Schlafplatz finden. Doch holt man sie aus ihrer gewohnten Umgebung heraus und bietet ihnen Nahrung, Struktur und die Möglichkeit zu experimentieren, tritt ihre Persönlichkeit spürbar zutage.

Clickertraining

Für das Training der Hühner benutze ich einen Clicker. Hundetrainer haben den Clicker bereits seit den 1990er-Jahren in Gebrauch. Man verwendet ihn auch bei der Ausbildung von Delfinen, Elefanten, Kamelen und vielen anderen Tieren. Jedes Tier, das in der Lage ist, das Clicken zu hören und eine Belohnung anzunehmen (gewöhnlich ein begehrter Leckerbissen), eignet sich für ein Clickertraining. Wissenschaftliche Studien untermauern, dass Clickertraining effektiv ist und deutlich wirkungsvoller als die Bestätigung durch Stimmkommandos. Bei der Verwendung von Stimmkommandos sagt der Trainer, wenn das Tier etwas richtig gemacht hat: „Ja“ oder ein ähnliches Wort. Den Studien zufolge ist dies weniger wirksam als das Clicken, denn das klingt immer gleich, während das gesprochene Wort „Ja“ abhängig von Stimmung und Verfassung des Trainers ganz unterschiedlich klingt.

Der einfachste Clickertyp besteht aus einem Metallplättchen in einem Plastikgehäuse.

Bei der Ausbildung von Hunden gibt es mehrere Möglichkeiten, um zu belohnen. Man kann den Hund z. B. loben oder kraulen. Hühner dagegen wollen immer nur das Eine, das Unwiderstehliche, nämlich Futter. Die Erwartung von Futter ist das Einzige, was sie dazu bringen kann, mitzumachen und bei uns zu bleiben, und Clicken ist für sie klarer als Worte, vorausgesetzt, man hat sie dazu gebracht, mit dem Clicklaut Positives zu assoziieren. Wenn man mit dem Clicker ein Element des Hühnerverhaltens markiert und dem Huhn etwas gibt, das es nicht mag, dann wird das Huhn das Clicken hinfort nicht weiter beachten. Doch wenn Ihr Huhn beispielsweise wild nach Erdbeerstückchen ist und immer, wenn es clickt, ein Stück Erdbeere bekommt, ist es bald hoch motiviert.

Nicht das Clicken an sich ist die Belohnung; es bestätigt nur ein Verhalten, das von uns erwünscht ist. Es signalisiert dem Huhn, dass es soeben etwas richtig gemacht hat und dass es jetzt gleich eine Belohnung gibt. Das „Click“ kennzeichnet den präzisen Moment, in dem das Huhn das erwünschte Verhalten zeigt. Das Huhn hört das Clicken und weiß, dass das, was es in genau jenem Moment tat, wohl ein Verhalten ist, das ihm eine Belohnung einbringt. Deshalb muss man anfangs sehr viel clicken und belohnen, und es ist sehr wichtig, dass die Belohnung unmittelbar auf das Clicken folgt.

Man beginnt das Training damit, dass man dem Huhn das Lernen beibringt. Man clickt und belohnt sehr oft, vorausgesetzt, das Verhalten ist tatsächlich erwünscht. Man belohnt also nicht, wenn das Huhn versucht, vom Trainingstisch aufzufliegen (es sei denn, das ist genau das,

Sprinkles

Hier stelle ich Ihnen meine Sprinkles vor! Ich hatte auf Facebook gefragt, ob jemand ein Huhn abzugeben habe, das ein neues Zuhause braucht. Daraufhin antwortete eine Frau, sie hätte eine entzückende kleine Henne, die während einer Landwirtschaftsausstellung als einziges Küken des Geleges geschlüpft und jetzt ungefähr ein Jahr alt sei. Bei der Ausstellung hatte das niedliche Küken natürlich jede Menge Aufmerksamkeit bekommen und genossen. Die Gründe, warum ihre Besitzerin die Henne jetzt abgeben wollte, waren erstens, dass Sprinkles auf ihrem Hof keinerlei Beziehungen aufgebaut hatte, und sie zweitens in einem Auslauf mit einem Hahn und dessen Henne zusammenlebte und der Hahn sie häufig attackierte.

Da ich nun mal eine große Tierfreundin bin und es als solche (sowie als Mitarbeiterin von Tierheimen und Züchterin von Ausstellungshunden) auch gewohnt bin, weite Strecken zurückzulegen, um Tiere einzusammeln, setzte ich mich am folgenden Morgen ins Auto und fuhr eine Stunde lang, um das Huhn zu holen. Mein jüngster Sohn, ebenfalls ein Tiernarr, kam mit, denn er verpasst niemals eine Gelegenheit, sich mit Tieren zu beschäftigen.

Die Besitzerin der kleinen Henne war sehr nett. Sie hatte bei sich viele Tiere in Not aufgenommen, und so begrüßten uns, als wir die Auffahrt hinauffuhren, sechs oder sieben Hunde.

Sprinkles auf Insektenjagd.

Dot und Dusty.

Im Garten gab es drei fachgerecht angelegte Hühnerställe mit Ausläufen, und in jedem wohnte eine kleine Schar Hühner. Die Frau öffnete eine Tür, und wir sahen Sprinkles zum ersten Mal. Sie ist eine Kreuzung aus Altenglischem Zwergkämpfer und Ükkeler Bartzwerg, und weil sie mein erstes Zwerghuhn war, kam sie mir außerordentlich klein vor.

Zum Glück ist mein Mann sehr tolerant, daher darf Sprinkles mit uns im Haus wohnen. Ich wollte sie in meiner Nähe haben, um viel mit ihr trainieren zu können, und so bauten wir ihr einen niedlichen Indoor-Stall. Jetzt wohne ich also mit einem anderthalb Pfund schweren Haushuhn namens Sprinkles zusammen und muss unseren Freunden erklären, was ich am Zusammenleben mit einem Huhn so toll finde. Aber sie wissen ja schon, dass ich völlig tierverrückt bin!

In der Zeit, in der ich diese Zeilen schreibe, hat Sprinkles Eier gelegt, und aus zwei davon sind Küken geschlüpft, sodass wir nun auch noch winzige Zwillinge haben, denen wir die Namen Dot und Dusty gaben. Ich kann bei frisch geschlüpften Zwerghühnern nicht das Geschlecht bestimmen, doch Dusty war vom ersten Augenblick an sehr temperamentvoll, macht mehr Krach und schaut immer auf, wenn man sich nähert. Deshalb nehme ich an, dass er ein kleiner Hahn ist.

was man ihm beibringen will). Natürlich wäre das ein schöner Abschluss für eine Vorführung: Das Huhn präsentiert sein Repertoire und fliegt als Finale davon!

Maximale Belohnung – der Jackpot

Ein Jackpot soll dem Tier zeigen, dass es eine wirklich großartige Leistung vollbracht hat. Wenn man beispielsweise mit einem Hund das Kommando „Sitz!" einübt und er es beim 20. Mal richtig hinbekommt, wäre ein Jackpot angebracht. Dazu nimmt man fünf oder sechs Leckerlis in die Hand und gibt sie dem Hund – nicht alle zusammen, sondern schnell hintereinander. Das Tier denkt dann: „Wahnsinn, ist das toll!" Es ist in etwa so, wie wenn ein Mensch an einem Spielautomaten sitzt; wenn er gewinnt, kommt nicht etwa ein Geldschein heraus, sondern ein Regen kleiner Münzen, was wesentlich aufregender ist.

Um dem Huhn einen Jackpot zu geben, hält man einen Behälter mit Leckereien ruhig vor das Tier hin, sodass es nicht darauf zuzugehen braucht, und lässt es mehrmals daraus picken. Dann zieht man den Behälter weg, hält ihn aber gleich wieder hin und lässt es nochmals zwei- bis dreimal picken. Dieser Vorgang wird drei- bis viermal wiederholt. Das ganze Manöver sollte nur ein paar Sekunden dauern, doch das Huhn wird begeistert sein – und begreifen, dass das soeben von ihm gezeigte Verhalten genau richtig war.

Wenn Sie Ihrem Huhn einen Jackpot gönnen, lassen Sie es mehrmals hintereinander Körner picken.

Verhalten löschen (Extinktion)

Mit Clickertraining lassen sich angelernte Verhaltensweisen auch wieder löschen. Man bezeichnet dies auch als Extinktion. So kann ich beispielsweise einer Henne beibringen, auf einen Punkt auf einem Pappteller zu picken, und sie belohnen, wenn sie diese Aufgabe richtig ausführt. Später will ich ihr Verhalten ändern: Sie soll nicht mehr auf den Punkt picken, sondern um den Teller herumlaufen. Meine kleine Henne ist sehr clever, kann aber natürlich keine Gedanken lesen. Deshalb denkt sie, dass sie immer weiter auf den Punkt picken soll, sobald sie den Teller sieht. Ich belohne sie aber nicht mehr dafür, denn ich habe die Aufgabenstellung verändert. Sie wird zunächst trotzdem weiter auf den Punkt picken, und zwar immer schneller und fester. Schließlich wird sie frustriert sein und mit dem Schnabel an dem Punkt herumreiben oder an ihm scharren. Irgendwann macht sie, wenn sie den Punkt sieht, überhaupt nichts mehr – und somit ist die Lektion gelöscht. Kommt sie nun zufällig auf die Idee, um den Teller herumzulaufen, wird sie genau dafür belohnt, denn das ist ja das Verhalten, das man von ihr erwartet hatte.

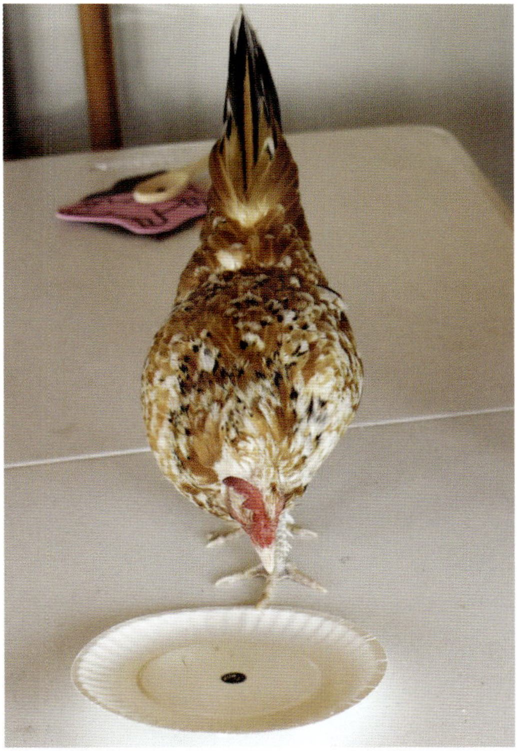

Ein Verhalten verstärkt sich, bevor das Huhn damit aufhört, dieses Verhalten zu zeigen. Will man also eine Veränderung erzielen, so ist diese Erkenntnis wichtig.

Operante Konditionierung

In diesem Buch werden mehrere verschiedene Methoden des Hühner-Clickertrainings erklärt, darunter operante Konditionierung, Shaping, Backchaining und Targettraining. (Eine Erläuterung der Begriffe rund um das Clickertraining finden Sie ab Seite 72.)

Diejenige Methode, die Sie bei Ihrem eigenen Training mit Hühnern vermutlich am häufigsten anwenden werden, ist die operante Konditionierung. Unter operanter Konditionierung versteht man eine Trainingsmethode, bei der Tiere (aber erstaunlicherweise auch Kinder und Ehemänner) lernen, sich so zu verhalten, dass sie belohnt werden. Ein Beispiel soll dies verdeutlichen: Ein Hund bellt die Tür an, und sein Besitzer lässt ihn daraufhin hinaus. Tiere nutzen ihrerseits operante Konditionierung, um das Bestraftwerden zu vermeiden. So lernt ein Pferd etwa, wenn auf die Trense in seinem Maul einseitiger Druck ausgeübt wird, den Kopf zu drehen, damit der Druck aufhört. Vergessen Sie niemals, dass Verhalten durch Konsequenzen kontrolliert wird. Der Hund lernt: Wenn er die Tür anbellt, wird sie geöffnet. Das Pferd lernt: Wenn es den Kopf dreht, hört der Druck im Maul auf.

Verstärkung und Bestrafung

Bei unserem Hühnertraining wenden wir positive Verstärkung an, denn es ist unwahrscheinlich, dass ein Huhn irgendetwas durch negative Verstärkung oder negative Bestrafung lernt. Zum einen würde das Huhn in so einem Fall einfach davonlaufen, zum anderen wollen wir unsere Hühner (und überhaupt alle anderen Tiere) nicht mittels Strafen ausbilden. Da Hühner erwiesenermaßen ein gutes Gedächtnis besitzen, werden sie Situationen meiden, die sie als negativ oder gefährlich erlebt haben. Weil der Begriff „positive Verstärkung" ein breites Bedeutungsspektrum umfasst, möchte ich ihn und alle anderen wichtigen Begriffe rund um dieses Themenfeld hier zunächst näher erläutern.

Verstärkung

Ausbilder setzen Verstärkung ein, um die Wahrscheinlichkeit zu erhöhen, dass durch das Anbieten oder Entfernen eines Reizes sofort nach Auftreten eines bestimmten Verhaltens dieses Verhalten in Zukunft abrufbar wird. Die Verstärkung kann alles sein, was das Tier als erfreulich empfindet. Meine Hunde finden ein Stück Steak erfreulich. Sie freuen sich aber auch über Aufmerksamkeit und physisches Lob, also Streicheln. Meine Hühner sind ebenfalls über Fleischstückchen entzückt, empfangen aber auch gern Lohn in Form von Mehlwürmern und Knäckebrotbröseln. Weil sie sich über physisches Lob – Streicheln, Tätscheln, Kraulen – gar nicht freuen, würde sich diese Art der Belohnung für sie nicht als „positive Verstärkung" eignen.

Verstärkung kann entweder positiv oder negativ sein.

Positive Verstärkung erreicht man, wenn man dem Huhn unmittelbar nachdem es ein erwünschtes Verhalten gezeigt hat, einen motivierenden – also verstärkenden – Anreiz bietet. Dadurch erhöht sich die Wahrscheinlichkeit, dass es dieses Verhalten in Zukunft abermals zeigen wird. Ein Beispiel: Erhält das Huhn einen Leckerbissen, wenn es auf den Ruf „Put-put-put" herbeigelaufen kommt, ist es wahrscheinlich, dass es diesem Ruf in Zukunft Folge leisten wird.

Negative Verstärkung tritt ein, wenn etwas Unangenehmes aufhört, sobald das Tier ein bestimmtes Verhalten zeigt. Die Wahrscheinlichkeit, dass genau dieses Verhalten in der Zukunft öfter eintritt, steigt, weil man entweder die negativen Konsequenzen aufgehoben hat oder das Tier sie meiden kann. Das umseitig geschilderte Beispiel von dem Pferd und der Trense ist ein Beispiel für negative Verstärkung. Ein weiterer Musterfall dafür: Mein Mann baut mir einen neuen Hühnerstall, damit ich endlich aufhöre, ihn penetrant darum zu bitten (kleiner Scherz).

Bestrafung

In Zusammenhang mit Training oder Ausbildung klingt der Begriff „Bestrafung" zunächst wie etwas Schlechtes, doch muss dies nicht immer der Fall sein. Trainer setzen Strafe ein, um die Wahrscheinlichkeit dafür einzudämmen, dass ein bestimmtes Verhalten in der Zukunft eintritt – mit anderen Worten eine unmittelbar auf ein bestimmtes Verhalten folgende Konsequenz, die das zukünftige Auftreten ebendieses Verhaltens eindämmt. Ebenso wie bei der Verstärkung kann ein Stimulus gegeben (positive Bestrafung) oder entfernt (negative Bestrafung) werden. Einfacher ausgedrückt: Man setzt Bestrafung ein, um ein unerwünschtes Verhalten einzudämmen, und Verstärkung, wenn das Verhalten gewünscht ist.

Ebenso wie die Verstärkung kann auch die Bestrafung entweder positiv oder negativ sein.

Positive Bestrafung tritt ein, wenn unerwünschtes Verhalten eine unangenehme Konsequenz zur Folge hat. Ein Beispiel: Als mein Huhn die Straße überquerte, war der Asphalt unangenehm heiß. Wenn es nun das nächste Mal an die Straße kommt, wird es auf dem Grasstreifen an der Straße entlanggehen.

Negative Bestrafung bedeutet, dass auf unerwünschtes Verhalten etwas wegfällt, sodass das unerwünschte Verhalten in der Zukunft eingedämmt wird. Beispiel: Ist mein jüngstes Kind vor dem Abendessen unartig, fällt sein Nachtisch weg.

Tests mit Menschen, Hunden und Individuen so ziemlich aller anderen Arten ergaben, dass positive Konsequenzen bessere Ausbildungsergebnisse nach sich ziehen als negative.

Wenn Sie sich gern mit Ihren Hühnern beschäftigen, wird Ihnen das Training viel Spaß bereiten.

Wozu Hühner trainieren?

Warum in aller Welt sollte man Hühner trainieren? Ganz einfach: Es macht viel Spaß!

Ich gehe davon aus, dass Sie sich dieses Buch gekauft haben, weil Sie auf dieses Thema neugierig sind. Ich selbst finde es hochinteressant zu erforschen, wie diese kleinen Tiere lernen und wie viel man mit ihnen machen kann. Ich glaube, man kann ihnen beinahe so viele Tricks beibringen wie Hunden. Hühner sind von Natur aus neugierig, listig, spitzbübisch und extrem clever. Wenn man erst einmal ihr Interesse und ihr Vertrauen gewonnen hat, bleiben sie einem auch treu. Fast jedes Mal, wenn ich eines meiner Hühner auf den Tisch stelle, um mit ihm zu arbeiten, bleibt es auch dort und macht willig mit. Ich beschneide meinen Hühnern nicht die Schwungfedern, weshalb sie durchaus in der Lage sind wegzufliegen, was sie mitunter auch tun. Meistens jedoch bleiben sie und warten ab, was ich als Nächstes vorhabe und wie sie ihr Gehirn einsetzen können, um an die ersehnten Leckerbissen zu kommen.

Ich schaue auch anderen Leuten bei ihrer Arbeit mit Hühnern zu. Anders als bei der Ausbildung von Hunden, Pferden und einigen anderen Tierarten haben sich für das Trainieren mit

Hühnern noch keine festen Regeln etabliert, sodass jeder bei null anfängt. Es mag tausenderlei Gründe dafür geben, es mit dem Clickertraining für Hühner versuchen zu wollen. Ich hatte über 25 Jahre lang Hunde ausgebildet, außerdem auch Katzen, Pferde und Schweine. Hühner waren einfach die nächsten Tiere auf meiner Liste. Ich beobachte für mein Leben gern Verhalten aller möglichen Lebewesen – also auch das von Hühnern.

Wer hat wohl am meisten Spaß daran, mit Hühnern zu clickern?

Hundetrainer können beim Trainieren von Hühnern außerordentlich viel lernen, weil sie bei der Arbeit mit Hühnern noch viel schärfer beobachten und präziser reagieren müssen. Hühner sind superschnell, und man muss lernen, feinste Verhaltensnuancen zu erkennen. Wenn Sie sich erst einmal auf Hühner eingestimmt haben, werden Sie merken, wie langsam wir Menschen im Vergleich zu ihnen sind!

Hobbyhühnerhalter profitieren auf jeden Fall vom Hühner-Clickertraining, denn es ermöglicht ihnen auch, eine engere Bindung zu ihrem Federvieh aufzubauen. Wenn Sie schon immer davon geträumt haben, mehr mit Ihren Hühnern anfangen zu können, ist dies Ihre Chance!

Bei interaktiven Workshops sammeln die Teilnehmer erste Erfahrungen mit dem Hühnertraining.

Für **Firmen** ist das Hühner-Clickertraining ebenfalls interessant. Ja, Sie haben richtig gelesen! Neulich erst leitete ich einen Hühnertrainings-Workshop für die Angestellten einer großen Versicherungsgesellschaft. Der Hintergrund dieser Veranstaltung war, dass eine teambildende Maßnahme durchgeführt werden sollte, an der auch Außendienstmitarbeiter beteiligt waren. Anfangs grüßten sich die Leute zwar, unterhielten sich aber kaum miteinander. Im Lauf des Workshops änderte sich das jedoch rapide, und gegen Ende waren die Schranken gefallen. Alle lachten und redeten miteinander und hatten viel Spaß.

Mein Hühnertrainings-Team (von links nach rechts): ich, Jessica Cady-Bartholomew, Stephanie Weis und Liz Perry.

In **Alters- und Pflegeheimen** bieten Hühnerbesuche den Bewohnern Kontakt zu Tieren und gleichzeitig auch die Möglichkeit, die eigenen Fähigkeiten zu trainieren. Auf YouTube und Facebook sind viele solche Begegnungen dokumentiert. Hühner erleben gerade eine fulminante Karriere als Therapietiere, denn sie scheinen sehr anpassungsfähig zu sein. Sobald sie sich an eine neue Situation gewöhnt haben, verhalten sie sich relativ ruhig und gelassen. Die Heimbewohner freuen sich darüber, die Tiere aus nächster Nähe zu erleben und zu beobachten. Außerdem sind sie total begeistert von all den Trickvorführungen, die wir auf Lager haben.

Schulkinder lieben es besonders, wenn sie auch selbst mit den Hühnern arbeiten dürfen. Mein Sohn und ich haben schon oft Hühner in Schulen gebracht. Selbst in unserer ländlichen Gegend gibt es erstaunlich viele Kinder, die Hühner noch nie aus der Nähe gesehen haben. Die Kinder sind neugierig auf diese großen Vögel, und sogar den Hühnern scheint es gut zu gefallen, dass sie ihre Kunststücke vorführen können.

Mein Sohn Corey und ich stellen Schulkindern unsere Hühner vor. Kinder und Hühner fanden es gleichermaßen spannend!

Mein Sohn Rudy und seine Henne Sam bei einem Trainings-Workshop.

Hühner verstehen

Wir besitzen eine gewisse Anzahl von Hühnern (ungefähr zehnmal so viele, wie mein Mann glaubt), und sobald man sie näher kennengelernt hat, weiß man, wie stark sie sich untereinander von ihren Persönlichkeiten her unterscheiden. Ebenso wie Individuen anderer Arten (Menschen mit eingeschlossen) verhalten sich Hühner anders, wenn sie in ihrer Gruppe sind oder allein und mit einer neuen Situation konfrontiert. Ich bin mir auch sicher, dass ich mich beim Zusammensein mit meiner besten Freundin anders verhalten würde als bei einem Treffen mit der First Lady. Deshalb hole ich mir ein Huhn, bevor ich mit dem eigentlichen Training anfange, meistens aus der Gruppe und lerne es zunächst kennen.

Zwar ist jedes Huhn ein Individuum, doch weisen manche Rassen ein typisches Verhalten auf. Natürlich macht jeder so seine Erfahrungen, doch ich habe Folgendes beobachtet:

Coreys Lieblingshuhn ist CeeCee, eine freundliche Seidenhenne.

- **Sanft und ruhig (meist schwererer Körperbau):** Australorp, Orpington, Rhodeländer, Sussex, Welsumer
- **Kinderfreundlich:** Seidenhuhn
- **Mit stärkerer Fluchttendenz und nervöser:** Andalusier, Amerikanisches Leghorn, viele Zwergrassen

Wer sich Hühner vor allem für das Clickertraining zulegen will, sollte die Rassen meiden, denen lange Kammfedern ins Gesicht fallen, da diese die angebotenen Leckerbissen möglicherweise gar nicht sehen. Oder aber man kürzt die vor den Augen hängenden Federn.

Ich trainiere am liebsten mit Andalusiern, vielleicht weil das die erste Rasse war, zu der ich eine Beziehung aufbaute. Feathers („Federn"), eine stolze, von meinem Sohn treffend benannte Andalusierhenne, kam von sich aus zu mir und sprang auf den Schoß. Sie war gern mit Menschen zusammen, und wir genossen ihre Gesellschaft. Mit ihrer Intelligenz verblüffte sie mich immer wieder, und ich merkte, dass sie tatsächlich nachdachte – ich konnte ihr regelrecht dabei zuschauen. Wenn sie spürte, dass es etwas zu lernen gab, lief sie nicht weg, ließ sich aber auch nicht so ohne Weiteres auf die Aufgaben ein. Sie schaute sich an, was ich ihr anbot, betrachtete mich dann und traf schließlich eine wohlüberlegte Entscheidung.

Feathers und ich bei einer Vorführung im Laden für Hühnerhalterbedarf Cluck the Chicken Store.

Sam war eine Blaue-Andalusier-Henne und das schlaueste Huhn, mit dem ich jemals gearbeitet habe. Für das, was sie in einer einzigen Trainingseinheit lernte, brauchte ich mit einem anderen Huhn drei Trainingseinheiten – und was sie gelernt hatte, das saß! Nachdem ich ein Jahr lang nicht mehr mit ihr gearbeitet und sie einfach nur Huhn hatte sein lassen, nahm ich sie mit in die Schule meines Sohns. Ich hatte sämtliches Trainingsgerät dabei, aber keine Ahnung, ob sie sich an irgendetwas von dem, was wir gemacht hatten, erinnerte. Doch als ich sie auf den Tisch setzte, war es, als hätten wir das Training nie unterbrochen. Ich war wirklich beeindruckt.

Je mehr Zeit man mit seinen Hühnern verbringt, desto besser versteht man sie und lernt, effektive Trainingseinheiten zu gestalten. So weiß ich z. B., dass meine Hühner ihre Eier gern am späten Vormittag legen. Wenn ich also mit ihnen irgendwohin fahre, achte ich darauf, dass wir rechtzeitig für das Eierlegen zurück sind und sie in ihre Nistboxen können. Wer ein Huhn hat, das sich vor dem Haushund fürchtet, sollte dafür sorgen, dass er während des Trainings nicht in der Nähe ist.

Anzeichen für Stress

Stress ist etwas, das Geist und Körper beeinflussen kann. Jedes Huhn hat ein anderes Stresslevel, genau wie wir Menschen auch. Sie müssen also die einzelnen Hühner beobachten, um eine für sie möglichst stressfreie Umgebung schaffen zu können. Ein Huhn zeigt, dass es gestresst ist, wenn es sich leicht ablenken lässt, Interesse an den angebotenen Leckerbissen und der gestellten Aufgabe verliert, nervös herumschaut, den Schnabel an etwas abwischt oder versucht, vom Tisch herunterzufliegen. Langfristig führt Stress zu Appetitverlust und einem übermäßigen Gefiederputzen.

Selbst nach einem Jahr Trainingspause beherrschte Sam noch all ihre Tricks. Sie bewies damit, dass Hühner ein erstaunliches Gedächtnis besitzen.

Weil ich das weiß, gestalte ich meine Trainingssituationen so, dass die Hühner nur ein kleines bisschen gestresst sind. Auf diese Weise lernen sie, auch unter potenziell stressbelasteten Bedingungen zu arbeiten. Ich habe herausgefunden, dass Hühner ziemlich anpassungsfähig sind und durch die Gewöhnung an leichten Stress immer stressresistenter werden.

Nehmen wir an, Sie wollen Ihre Hühner auf eine Landwirtschaftsausstellung mitnehmen. Warten Sie nicht bis zum Tag X, um die Hühner zum ersten Mal ungewohnten Bedingungen auszusetzen. Für die Hühner kann ein derartiger Ausflug bedeuten, dass sie vorher baden müssen, in eine Box gesperrt werden, Auto fahren, an einem ungewohnten Ort ankommen und in ihrer Box neben einem Huhn landen, das sie nie zuvor gesehen haben. Sicher riecht es in dem unbekannten Gebäude anders als zu Hause, die Geräusche sind anders, es sind noch andere Vögel zugegen, die keine Hühner sind. Außerdem ist Ihr Huhn dort möglicherweise allein und von seiner Gruppe getrennt. Die meisten Hühner gewöhnen sich nach ein paar Tagen an die veränderte Umgebung, doch weil wir unsere Hühner lieben, möchten wir ihnen die Umstellung erleichtern.

Viele meiner Hühner besuchen mit mir Veranstaltungen, Seminare, Workshops und sogar die Wohnungen meiner Freunde. An neue Situationen gewöhne ich sie am liebsten schrittweise.

Während einer teambildenden Maßnahme in einer Firma war Pearl eher an der Ausarbeitung eines Fluchtplans interessiert als daran, ihre Tricks vorzuführen.

Beginnen Sie eine Woche vor dem „Ausflug“, Ihr Huhn an Ungewohntes heranzuführen, etwa an die Transportbox. Dazu nehmen Sie das Huhn ein paar Tage immer wieder auf den Arm, um Vertrauen aufzubauen, und setzen es dann in der Box ab. Versuchen Sie, es in der Box zu füttern. Dem Huhn beizubringen, dass es auf Zuruf kommt, ist praktisch und bewirkt, dass Sie ihm nicht hinterherlaufen und es einfangen müssen. Das würde das Huhn stressen.

Als ich meine Hühner vor ein paar Jahren zu einem Workshop fahren wollte, überlegte ich vorher gründlich, welche Hennen mitkommen sollten. Sie waren gleich alt, besaßen aber unterschiedliche Persönlichkeiten und lernten

Gewöhnen Sie Ihr Huhn schon einige Zeit vor dem ersten Ausflug an seine Transportbox.

auch unterschiedlich schnell. Die einen hatten eine rasche Auffassungsgabe, die anderen mussten einen Menschen erst gut kennen und sich an ihn und die neue Umgebung gewöhnen.

Sämtliche Hennen waren mit den Transportboxen und dem Clickertraining vertraut, und ich hatte sie auch bereits im Auto spazieren gefahren, damit sie sich an die Bewegungen des Fahrzeugs gewöhnten. Zwar konnten sie einander auf der Fahrt nicht sehen, aber doch hören und riechen und wussten die ganze Zeit über, dass sie in Gesellschaft von Artgenossinnen waren. (Trotzdem halte ich es für einfacher, nur jeweils ein Huhn zu transportieren. Wenn man fünf Hühner im Auto hat und eines Panik bekommt, wird es die anderen ebenfalls in Panik versetzen.)

Am Morgen des Seminars stand ich früh auf, denn ich hatte eine Stunde Fahrt vor mir und wollte mich vergewissern, dass ich alles bedacht hatte. Ich war ohnehin schon ziemlich nervös, was nicht gut war, das Hauptproblem aber stellte das Wetter dar. Der Himmel war tiefschwarz, und die Bäume bogen sich im starken Wind. Wegen der hohen Teilnehmerzahl konnte ich nicht einfach absagen, und so packte ich meine Hühner in den Van, stieg ein und fuhr los. Ich hoffte sehr, nicht zu spät zu kommen, doch wegen des Unwetters würde die Fahrt sicherlich länger

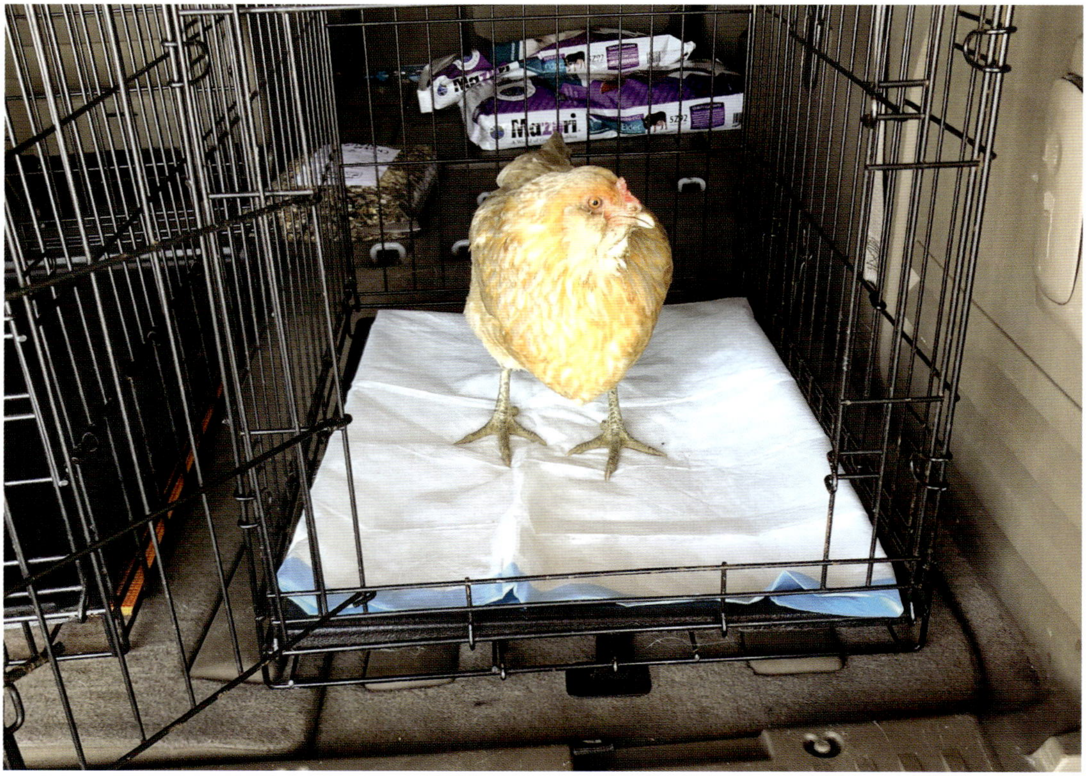

Transportbox oder -käfig vermitteln Ihrem Huhn auf Reisen ein Gefühl von Sicherheit.

dauern als vorgesehen. Ich hatte lange vor den anderen da sein wollen, um alles in Ruhe aufzubauen und den Hühnern die Möglichkeit zu geben, sich einzugewöhnen. Unterwegs bekam ich Anrufe von meinen vier Freundinnen, die sich ebenfalls wetterbedingt verspäten würden. Mein Blutdruck stieg, aber endlich erreichte ich unser Ziel. Doch damit nicht genug. In dem heftigen Sturm schaukelte mein geparkter Van hin und her, und dann musste ich auch noch mit den Transportboxen durch den strömenden Regen bis in die Halle laufen. Inzwischen war ich nicht nur wegen des Unwetters nervlich am Limit, sondern auch noch ziemlich beunruhigt, weil ich nicht wusste, wie die Hühner auf die ganze Aufregung reagieren würden. Sie waren bisher nur einmal Auto gefahren und an einem fremden Ort gewesen. Nun hatte ich sie durch ein Gewitter in ein großes Gebäude mit Klimaanlage gebracht, in dem Stimmen erklangen, die sie nie zuvor gehört hatten – und erwartete, dass sie im Workshop all ihre Tricks vorführten. Ich fürchtete, das ganze Unterfangen würde scheitern.

Zu meiner großen Erleichterung verhielten sich die Hühner so, wie ich sie ursprünglich eingeschätzt hatte. Zwei waren ruhig und gelassen wie beim Training zu Hause, zwei machten ihre Sache trotz aller Widrigkeiten ziemlich gut, und eines war so durch den Wind, dass es weder mit den Leuten, die mit ihm arbeiten sollten, noch mit den Leckerbissen oder mit mir etwas zu tun haben wollte. Es sprang auf seine Transportbox und betrachtete die Decke, wohl um abzuschätzen, wohin es am besten fliehen könnte.

Die Stressschwelle überschreiten

Auch ein Huhn erreicht mitunter seine Stressschwelle, wenn z. B. in seiner Umgebung so viel los ist, dass es sich nicht mehr auf das Training konzentrieren kann. Ich bin auf der Fahrt zu jenem Workshop fast an meine persönliche Grenze gekommen. Doch ich beruhigte mich rasch wieder, als ich meine Freundinnen traf, mir klar wurde, dass wir alle die Fahrt durch das schwere Unwetter heil überstanden hatten, und dann noch merkte, dass es auch meinen Hühnern gut ging.

Hühner, deren Stressschwelle überschritten ist, erkennen Sie daran, dass sie höchstwahrscheinlich keine Leckerbissen mehr annehmen. Meine erste Trainingseinheit mit einem neuen Huhn besteht daher darin, dass ich einfach nur Zeit mit ihm verbringe und darauf achte, was es

Little Red war nicht bereit, auf den neugierigen Welpen Axl einzugehen.

gern frisst. Manchmal nimmt das Huhn am ersten Tag gar kein Futter von mir an, weil es zu nervös ist. Hühner verbringen die meiste Zeit in ihrem Auslauf bei den Artgenossen, und wenn man sie dort herausholt, finden sie sich in einer fremden Welt wieder, die ihnen zunächst Angst macht.

Ich gebe zu, dass auch ich oft meine Stressschwelle erreiche. Ich habe drei Kinder, drei Hunde und bin sehr beschäftigt. Mein Tag sieht gewöhnlich so aus: Ich verschlafe, was bedeutet, dass ich meinen jüngsten Sohn bei den Vorbereitungen für die Schule antreiben muss. Dabei stelle ich fest, dass er am Vortag vergessen hat, einen Teil seiner Hausaufgaben zu machen. Dann hält mir mein älterer Sohn etwas unter die Nase, das schon vor zwei Tagen hätte unterschrieben werden müssen. Zwei Minuten, bevor wir aufbrechen, erinnert mich meine Tochter daran, dass sie zehn Dollar für die Klassenkasse braucht, und natürlich habe ich keine kleinen Scheine im Haus und muss einen Scheck ausstellen, wofür ich aber eigentlich schon längst keine Zeit mehr habe. Schneehosen, Brotdosen, Schulranzen ... alles da? Endlich sind wir aus dem Haus. Nachdem ich die Kinder vor der Schule abgeliefert habe, merke ich, dass ich mein Notebook zu Hause vergessen habe. Gleich darauf ruft mein Mann an und fragt, was ich fürs Abendessen kochen werde. Hat er sie noch alle? Ich schnauze ihn am Telefon an, dabei bin ich gar nicht wirklich sauer auf ihn. Doch zu dem Zeitpunkt, als mein Handy klingelte, hatte ich mein Limit bereits erreicht. Manchmal kommen wir eben an unsere Grenzen, und Hühnern ergeht es ganz genauso.

Wenn Sie merken, dass Ihr Huhn beim Training nicht so schnell vorankommt wie geplant, sollten Sie erkunden, wodurch es abgelenkt wird. Manchmal ist das nur ein Vorhang, der sich im Wind bläht, oder der Umstand, dass der Hund unter dem Tisch liegt. Hühner nehmen ihre Umgebung sehr genau wahr. Doch ich stelle immer wieder fest, dass sich das Huhn stärker auf mich fokussiert, nachdem wir einige Male miteinander gearbeitet haben.

Seien Sie geduldig mit Ihren Hühnern. Vielleicht verstehen sie anfangs nicht, was Sie von ihnen wollen. Seien Sie deshalb nicht gleich frustriert, sondern lassen Sie ihnen Zeit. Im Grunde geht es nicht darum, dass sie möglichst rasch einen Trick beherrschen, sondern darum, dass Sie sich mit ihnen beschäftigen. Die Hühner werden das Ziel schon erreichen – notfalls in kleinen Schritten.

Sozialisierung

Ebenso wie alle anderen mit einer gewissen Intelligenz ausgestatteten Wesen müssen sich Hühner in eine neue Situation erst einmal eingewöhnen. Ich bin gegen Schocktherapien, sondern gehe lieber langsam und schrittweise vor und sorge dafür, dass meine Tiere mit jedem Schritt etwas Positives assoziieren können.

Sie müssen Ihr Huhn an neue Geräusche, Gerüche, Anblicke und Menschen gewöhnen. Dr. Ian Dunbar, ein Tierarzt, Verhaltensforscher und erfahrener Hundetrainer, empfiehlt, einen Welpen in den ersten acht Wochen mit 100 Menschen in Kontakt zu bringen, und dann im ersten Monat

in der neuen Familie mit weiteren 100. Ferner findet er, dass der Sozialisierungsprozess auch nach dem Welpenalter weitergeführt werden sollte.

Aber was ist mit Hühnern? Ich würde raten, mit ihnen genauso zu verfahren. Solange Sie Ihren Hühnern sichere, strukturierte und angenehme Begegnungen ermöglichen, wird ihnen das nicht schaden. Versuchen Sie, Ihr Huhn mit den unterschiedlichsten Personen in Kontakt zu bringen: große, kleine, Erwachsene, Kinder, Männer mit Bart, mit Hut, Menschen jeden Alters. Hier ein paar Vorschläge, wie Sie dabei vorgehen könnten:

- Bitten Sie ein paar Freunde zu sich und stellen Sie sie gleichzeitig dem Huhn vor.
- Ermöglichen Sie dem Huhn, einen sehr gut ausgebildeten Hund zu erleben. Wenn der Hund in einer Transportbox ist, kann das Huhn zu ihm hingehen und sich jederzeit zurückziehen, falls es Angst bekommt.
- Halten Sie sich mit dem Huhn nicht immer in demselben Raum auf, sondern gehen Sie mit ihm auch ins Bad, in den Flur oder in verschiedene Zimmer.
- Wenn das Huhn im Garten wohnt, gehen Sie mit ihm auch mal ums Haus herum.

Sobald das Huhn so weit ist, machen Sie mit ihm Ausflüge in sichere Umgebungen, etwa in das Haus von Freunden oder in ein Zoofachgeschäft. Berücksichtigen Sie aber, dass andere Leute auf das Huhn aufmerksam werden und sich ihm nähern wollen. Vergessen Sie nie, dass das

Unsere Hühner lernen die unterschiedlichsten Haus- und Nutztiere kennen.

Huhn davon ausgeht, dass es bei Ihnen sicher ist. Gehen Sie Leuten mit Hunden aus dem Weg. Ich nehme meine Hühner gern in die Schule meiner Kinder mit und in das Altersheim, in dem meine Mutter wohnt. Kinder und Senioren leisten bei der Sozialisation der Hühner große Dienste, denn (normalerweise) sind sie freundlich und neugierig und freuen sich, wenn ein Huhn zu Besuch kommt. Vereinbaren Sie, dass die Schüler oder Heimbewohner einzeln zu dem Huhn kommen, um es zu begrüßen. Sobald Sie merken, dass das Huhn gestresst ist, setzen Sie es in seine Box zurück oder ermöglichen ihm auf andere Weise eine Erholungspause.

Immer wenn Sie das Huhn aus seiner gewohnten sicheren Umgebung herausnehmen, müssen Sie dafür sorgen, dass es nicht davonlaufen kann. Hühner erschrecken schnell und rennen dann instinktiv weg – und wir alle wissen, wie schwer es ist, ein flüchtendes Huhn einzufangen. Am sichersten ist es in einer Transportbox. Auch ein Brustgeschirr mit Leine könnte eine Lösung sein, sofern sich das Huhn nicht aus ihm herauswinden kann. Das Huhn einfach nur auf dem Arm zu tragen ist möglicherweise nicht sicher genug, nicht einmal dann, wenn es sich um ein gut ausgebildetes Exemplar handelt. Vergessen Sie niemals, dass das Huhn Ihnen nur so lange vertraut, wie Sie für seine Sicherheit sorgen. Ein gut sozialisiertes Huhn ist ganz allgemein gelassener, stärker auf Sie bezogen. Es neigt weniger dazu, sich von Ablenkungen überwältigen und zu Fluchtreaktionen verleiten zu lassen.

Corey und ich bei einer Schulvorführung mit unserer Plymouth-Rock-Henne namens Checkers.

Aufbau einer Beziehung

Eine persönliche Bindung zu einem Huhn aufbauen zu wollen – das klingt für Sie vielleicht nach einem albernen Vorhaben. Das ist es ganz und gar nicht, denn im Grunde kommt es genau darauf an: Damit Ihr Huhn mit Ihnen zusammenarbeitet, müssen Sie zuvor eine Beziehung zu ihm herstellen und sein Vertrauen gewinnen.

Frühe Sozialisierung

Ich beginne mit dem Training meiner Hühner bereits, wenn sie ein paar Tage alt sind. Gewöhnlich bekommt man die Küken erst, wenn sie mindestens drei bis fünf Tage alt sind (über eine Tauschbörse, von Züchtern oder Freunden). Ich habe Küken, die aus all diesen verschiedenen Quellen stammen, aber auch selbst gezogene. Wenn es Ihnen egal ist, ob Sie kleine Hennen oder Hähne bekommen, können Sie die Eier auch selbst in einem Brüter ausbrüten. Es ist ein besonderes Erlebnis, wenn man die Küken schlüpfen sieht, nachdem man die Eier in den Brüter gelegt, sie regelmäßig umgedreht und die Tage bis zum Schlüpfen gezählt hat. Außerdem gewöhnt man auf diese Weise die Hühner schon vor dem Schlüpfen an sich. Ebenso wie ungeborene Babys hören auch Küken im Ei Außengeräusche, also auch Ihre Stimme! Zwar müssen Sie die Kleinen in den ersten Tagen noch in Ruhe lassen, doch können die Küken Sie durch die Glasscheibe des Brüters sehen und Ihre Stimme hören. Während ich zuschaue, wie sie im Brüter ihren Flaum trocknen, lasse ich sie meinen Hühnerruf hören: „Put-put-put!“ Zu diesem Zeitpunkt gibt es noch nichts, womit sie ihn assoziieren können, doch ich hoffe, dass ihnen der Klang meiner Stimme hilft, schon jetzt eine Beziehung zu mir aufzubauen.

Unsere Hühner sind Familienmitglieder.

Beim Tippen dieser Zeilen schauen mir übrigens fünf Tage alte Küken zu, die wir hier zu Hause ausgebrütet haben. Ich höre so gern ihre leisen Rufe. Heute sind sie ziemlich müde, weil wir einen aufregenden Ausflug gemacht haben: Wir nahmen sie mit in die Klasse meines achtjährigen Sohns, und er stellte sie seinen Freunden vor. Es war ein voller Erfolg, denn wir konnten den Kids einiges über Hühner erzählen, und die Küken konnten Menschen aus nächster Nähe erleben. Je früher Tiere auf sachgerechte Weise in Kontakt mit Menschen gebracht werden, desto besser – und das gilt auch für Hühner.

Küken besitzen starke Instinkte, können sich aber auch an positive Situationen erinnern. Ein Beispiel: Wenn Sie Ihre Hand schnell über ihren Köpfen schwenken, werden sie weglaufen und dabei laut rufen, weil ihr Instinkt sie vor einem nahenden Greifvogel warnt. Doch wenn sich Ihre Hand dem Küken langsam nähert und ihm einen Leckerbissen anbietet, wird das Küken auf Ihre Hand zukommen. Es assoziiert die Hand mit etwas Positivem, anstatt Angst vor ihr zu haben.

Ich freue mich jetzt schon darauf, mit den Kleinen zu arbeiten, zu erleben, wie sich ihre Persönlichkeiten entfalten, und herauszufinden, welche von ihnen meine Musterschüler sein werden und welche etwas mehr Zeit zum Lernen brauchen. Ich setze große Hoffnungen in sie. Ihr Vater ist eine Kreuzung aus Grünleger und Andalusier, ihre Mutter ist eine Plymouth-Rock-Henne. Plymouth Rock wird allmählich zu meiner Lieblingsrasse, denn es sind intelligente, ausgeglichene Vögel, die stets ein wenig nachdenken, bevor sie eine Entscheidung treffen.

Mein Sohn Corey mit Sprinkles bei einem Schulbesuch, nur eine Woche nachdem wir sie zu uns geholt hatten.

Eine solide aufgebaute Beziehung basiert auf tiefem Vertrauen.

Umgang mit neu hinzugekommenen Küken und erwachsenen Hühnern

Hühner, die aus einer anderen Umgebung stammen, brauchen Zeit, um sich bei Ihnen einzugewöhnen. Die Vögel sind sehr anpassungsfähig – wohl einer der Gründe dafür, warum sie schon seit Millionen von Jahren auf unserem Planeten leben. Sie brauchen nicht lange, um ihr neues Zuhause und die dort herrschenden Energien und Routinen zu begreifen. Doch weil in dem neuen Umfeld alles – von den Gerüchen bis zur Bodenbeschaffenheit – anders ist, sollten Sie ihnen ruhig ein paar Tage lang Zeit zur Eingewöhnung lassen. Erst danach beginnen Sie mit dem Beziehungsaufbau und dem Clickertraining.

Wie Sie Ihr Huhn beeinflussen

Mir und anderen Hühnerfreunden macht es einfach Spaß, bei unserem Federvieh zu sein. Stellen Sie sich doch einmal einen Stuhl in Ihren Hühnerauslauf und erleben Sie, wie entspannend es sein kann, den Vögeln beim Gackern, Scharren, Sand- und Sonnenbaden zuzusehen. Auch finde ich ihr Verhalten höchst interessant. Ich beobachte Tiere, seit ich denken kann. Den meisten von uns ist nicht bewusst, dass Tiere wiederum unser Verhalten beobachten.

Ist Ihnen schon einmal aufgefallen, dass ein Hund oder eine Katze einen bestimmten Menschen praktisch anbetet? Oder ein Papagei, der einen neuen Gast im Haus verachtet? Es kann viele Gründe dafür geben, warum zwischen bestimmten Menschen und bestimmten Tieren Beziehungen entstehen, warum neue Tiere in die Herde oder ins Rudel aufgenommen werden. Jedes Lebewesen hat bestimmte Vorlieben und Abneigungen, und ich bin mir sicher, dass Tiere in uns lesen können wie in einem Buch. Sie sind sehr gut darin, uns einzuschätzen und sich „ein erstes Bild“ zu machen. Meiner Erfahrung nach fühlen sich Tiere bei ruhigen Menschen wohler. Wenn man Hühner einander vorstellt, hält man sie ja einander auch nicht gegenseitig vor den Schnabel und macht dabei jede Menge aufgeregter Geräusche. Vielmehr setzt man das neue

Huhn in einen Käfig und stellt diesen dorthin, wo sich die anderen Hühner aufhalten, sodass sie einander in Ruhe kennenlernen können. Weil Hühner außerordentlich neugierig sind, werden die freien Hühner zum Käfig gehen, hineinschauen und vielleicht sogar daran herumpicken, dann aber ihrer Wege gehen und das eingesperrte Huhn ignorieren. Weil wir unsere Hühner lieben, tun wir alles, damit sie sich miteinander und in unserer Nähe wohlfühlen.

Verhalten Sie sich in der Nähe der Hühner ruhig, damit sie sich bei Ihnen wohlfühlen.

Hier ein paar Vorschläge, wie Sie sich im Beisein Ihrer Hühner verhalten können, damit es für die Tiere angenehm ist, mit Ihnen zusammen zu sein:

- Schleichen Sie nicht in Zeitlupe, wie es ein Raubtier tun würde, das die Hühner anspringen will.
- Gehen Sie langsam, aber mit energischen Schritten.
- Gehen Sie nicht unvermittelt vom Stand zum schnellen Lauf über.
- Machen Sie gelassene, flüssige Bewegungen.
- Wedeln Sie nie mit den Armen herum. Mir fällt das schwer, denn ich gestikuliere beim Reden, und manchmal, je nach Stimmung, bewegt sich dann der ganze Körper mit. Doch ausladende Armbewegungen beunruhigen die Hühner.
- Versuchen Sie, Ihre Arme in Gegenwart der Hühner nach Möglichkeit locker herabhängen zu lassen.
- Auf keinen Fall sollten Sie in der Nähe der Hühner kreischen, rufen oder laut lachen.
- Sprechen Sie in Zimmerlautstärke und nicht allzu temperamentvoll.
- Vermeiden Sie Hast und Eile.
- Lassen Sie sich Zeit. Hühner haben praktisch den ganzen Tag Zeit. Verlangsamen Sie Ihr Tempo, wenn Sie bei ihnen sind. Trainieren Sie mit ihnen nie unter Zeitdruck. Genießen Sie den Augenblick und erleben Sie, wie beruhigend das sein kann.

Beginn des Beziehungsaufbaus

Hurra, es ist so weit! Endlich haben Sie Ihre Hühner! Wenn Sie beginnen, mit ihnen eine Beziehung aufzubauen, spielt es keine Rolle, ob die Vögel drei Tage oder drei Jahre alt sind. Bei älteren Hühnern kann es etwas länger dauern, bis sie eine Bindung zu Ihnen haben, aber

Wann man besser nicht trainiert

Ich möchte, dass sich meine Hühner wohlfühlen und freiwillig zu mir kommen, sodass ich sie nicht einzufangen brauche. Falls Sie Ihr Huhn einfangen müssen, haben Sie bereits eine Situation geschaffen, in der Ihr Huhn nicht bereit ist, auf Sie einzugehen. Außerdem ist ein durch das Einfangen aufgeregter Vogel eigentlich nicht in der Lage, eine Beziehung zu Ihnen aufzubauen und etwas zu lernen, denn sein Herz klopft von der Jagd wie wild und er wird erst einmal Angst vor Ihnen haben.

lassen Sie sich nicht entmutigen. Wenn Sie geduldig sind und ausreichend Zeit für den Prozess einplanen, kann sogar eine ältere Henne, die noch nie näheren Kontakt zu einem Menschen hatte, zu einer Trainingspartnerin werden, mit der Sie viel Spaß haben.

Beziehungsarbeit: Stufe 1

Falls Ihr Huhn irgendwo draußen ist: Nehmen Sie sich eine Decke oder einen Stuhl mit, wenn Sie es besuchen gehen. Weil das Huhn von Natur aus neugierig ist, wird es früher oder später zu Ihnen kommen. Als zusätzliches Lockmittel können Sie vor Ihren Füßen ein paar Leckerbissen ausstreuen. Werfen Sie die Leckerlis etwas weiter von sich weg, wenn das Huhn sehr ängstlich wirkt. Hält es drei Meter Abstand, dann müssen Sie eben so weit werfen. Sobald das Huhn die Leckerlis aufpickt, werfen Sie etwas kürzer. Machen Sie so weiter, damit das Huhn immer näher kommt. Es kann einige Trainingseinheiten in Anspruch nehmen, bis sich das Huhn bis vor Ihre Füße traut.

Konzentrieren Sie sich dabei ganz aufs Training. Telefonieren Sie nicht, und hoffentlich müssen Sie nicht ausgerechnet dann, wenn sich das Huhn ganz nah heranwagt, laut niesen. (Denn wenn das passiert, wird das Huhn erschreckt davonlaufen, und Sie müssen vielleicht wieder ganz von vorn anfangen.)

Beziehungsarbeit: Stufe 2

Stufe 2 beginnt, wo Stufe 1 aufgehört hat: Ihr Huhn ist so nahe an Sie herangekommen, dass Sie es mit ausgestreckter Hand berühren könnten (aber berühren Sie es lieber noch nicht, es wird vermutlich davonrennen). Falls Sie am Boden sitzen: Werfen Sie weiterhin Leckeres vor Ihre Füße, dann auf Ihre Schuhe und rings um Ihre Beine. (Gehen Sie lieber nicht mit nackten Füßen zu den Hühnern. Besonders gern picken sie an lackierten Zehennägeln herum.) Falls Sie auf einem Stuhl sitzen: Legen Sie Körner oder Krümel in Ihre Hand und strecken Sie den Arm langsam dem Huhn entgegen. Manchmal hilft es, wenn man die Hand auf den Boden legt, anstatt sie in der Luft schweben zu lassen, denn normalerweise picken Hühner ihr Futter ja vom Boden.

Tipp zum Training

Denken Sie bitte daran, dass dies nur allgemeine Anleitungen sind. Jedes Huhn und jeder Trainer ist anders. Vielleicht können Sie bereits am ersten Tag zu Stufe 3 übergehen, es kann aber auch sein, dass Sie allein für Stufe 1 mehrere Wochen brauchen. Seien Sie geduldig. Wenn man sich ein älteres Huhn holt, weiß man nie, was es schon alles erlebt hat. Möglicherweise hat es große Angst vor Menschen. Gewähren Sie ihm die nötige Zeit.

Wenn es so weit ist, dass Ihr Huhn Ihnen aus der Hand frisst, würden Sie natürlich am liebsten laut jubelnd aufspringen, aber tun Sie das bloß nicht! Sie müssen jetzt so ruhig wie ein Zen-Meister bleiben. Und erschrecken Sie bitte nicht, falls das Picken ein bisschen weh tut. Manche Hühner picken von Natur aus sanft, andere nicht. Manche nehmen angebotenes Futter auf und wischen sich anschließend angewidert den Schnabel ab. Jedes verhält sich eben anders. Gehen Sie einfach davon aus, dass Sie auf Ihrem Weg zur Beziehung zum Huhn viel erleben werden.

Beziehungsarbeit: Stufe 3

Mitunter müssen Sie zu Beginn einer Trainingseinheit zu Stufe 1 zurückkehren, obwohl Sie zuletzt bereits ein höheres Level erreicht hatten. Allerdings werden Sie dann sehr schnell von Stufe 1 zu Stufe 3 voranschreiten. Hühner besitzen ein phänomenales Gedächtnis, sodass sie sich auch an das erinnern, was sie vor Wochen oder Monaten gelernt haben. Sie werden überrascht sein!

Wenn Sie Stufe 3 erreicht haben, sollten Sie Ihre Leckerbissen zum Anlocken nicht mehr weit weg zu werfen brauchen. Vielleicht müssen Sie ein paar davon auf den Boden zu Ihren Füßen fallen

Wenn Sie auf Stufe 3 angelangt sind, sollte Ihr Huhn freiwillig zu Ihnen kommen.

lassen, doch eigentlich sollte Ihr Huhn inzwischen so weit sein, dass es willig auf Sie zukommt, sobald Sie den Auslauf betreten. Da meine Hühner – wenn ich sie nicht gerade im Haus behalte, weil ich mit ihnen trainiere – in der Scheune wohnen, werde ich im Folgenden immer „in der Scheune" anstatt „im Hühnerstall" schreiben.

Sobald ich die Scheune betrete, werde ich von meinen Hühnern begrüßt. Wer Hühner nicht gewohnt ist, erschrickt oft, denn sie stürzen sofort auf mich zu. Ich habe sie so konditioniert, dass sie mich mit Futter, Wasser und Leckerbissen verbinden, und im Winter, wenn sie keine Insekten jagen können, lieben sie mich noch mehr. Ich finde es extrem cool, dass meine Hühner alles stehen und liegen lassen und auf mich zurennen, sobald ich in die Scheune gehe.

Auf dieser Stufe sollte auch Ihr Huhn zu Ihnen kommen, sobald Sie seinen Lebensbereich betreten. Lassen Sie ein paar Leckerlis vor Ihre Füße fallen. Die nächsten Häppchen gibt es dann nur aus der ausgestreckten Hand. Vielleicht müssen Sie eine Weile still wie eine Statue stehen, weil das Huhn erst einmal abwartet, ob Sie ihm den Bissen vielleicht doch zuwerfen. Sobald ihm klar ist, dass Sie nichts werfen werden, sollte es den Mut fassen, Ihnen aus der Hand zu fressen.

Den Erkenntnissen der operanten Konditionierung zufolge sollte man ein Tier, das in mindestens 80 Prozent der Fälle das erwünschte Verhalten zeigt, nicht mehr für dieses Verhalten belohnen, sondern stattdessen für ein anderes erwünschtes Verhalten. Wenn ich mein Huhn also anfangs dafür belohnt habe, dass es bis auf drei Meter Abstand zu mir kommt, eigentlich aber will, dass es mir aus der Hand frisst, höre ich auf, Leckerlis drei Meter weit zu werfen, sobald das Endziel „aus der Hand fressen" erreicht ist.

Anleitung für den Beziehungsaufbau

- Setzen Sie sich in den Auslauf und werfen Sie die Leckerbissen ungefähr **3 Meter** weit.
- Sobald sich das Huhn in 3 Meter Entfernung von Ihnen wohlfühlt, werfen Sie die Leckerlis nur noch **2,5 Meter** weit.
- Sobald sich das Huhn in 2,5 Meter Entfernung von Ihnen wohlfühlt, werfen Sie die Leckerlis nur noch **1,80 Meter** weit.
- Sobald sich das Huhn in 1,80 Meter Entfernung von Ihnen wohlfühlt, werfen Sie die Leckerlis nur noch **1,20 Meter** weit.
- Sobald sich das Huhn in 1,20 Meter Entfernung von Ihnen wohlfühlt, werfen Sie die Leckerlis nur noch **60 Zentimeter** weit.
- Sobald sich das Huhn in 60 Zentimeter Entfernung von Ihnen wohlfühlt, werfen Sie die Leckerlis nur noch **30 Zentimeter** weit.
- Sobald sich das Huhn in 30 Zentimeter Entfernung von Ihnen wohlfühlt, werfen Sie nicht mehr, sondern **legen die Leckerlis neben sich auf den Boden**.
- Sobald sich das Huhn daran gewöhnt hat, die Leckerlis vom Boden neben Ihnen aufzupicken, bieten Sie ihm das Futter nur noch **in der auf den Boden gelegten Hand** an.
- Sobald sich das Huhn daran gewöhnt hat, das Futter von der auf den Boden gelegten Hand aufzunehmen, halten Sie ihm **Ihre Hand mit dem Futter in ein paar Zentimetern Höhe über dem Boden** entgegen.
- Sobald sich das Huhn daran gewöhnt hat, das Futter von der in ein paar Zentimetern Höhe über dem Boden gehaltenen Hand zu nehmen, **halten Sie die Hand (mit dem Futter) auf Augenhöhe des Huhns**.
- Sobald sich das Huhn daran gewöhnt hat, von der auf seiner Augenhöhe gehaltenen Hand Futter zu nehmen, **verändern Sie Ihre Position**. Wenn Sie bisher auf dem Boden saßen, knien Sie sich hin. Wenn Sie gekniet hatten, setzen Sie sich auf den Boden. Falls Sie sich vorgebeugt hatten, richten Sie sich jetzt auf. Dadurch verändert sich nämlich Ihre Gestalt. Auf Tiere kann eine solche Veränderung beängstigend wirken, oder sie könnten uns sogar für eine andere Person halten.

Der Clicker

Die Hintergründe des Clickertrainings

Sie haben sicher schon einmal von Dr. Pawlow und dem pawlowschen Hund gehört. Dr. Iwan Pawlow war ein 1849 geborener russischer Mediziner und Physiologe. Als er sich im späten 19. Jahrhundert mit dem Verdauungsapparat der Hunde befasste und die Beziehung zwischen Speichelbildung und den Vorgängen im Hundemagen untersuchte, entdeckte er den konditionierten Reflex: Speichelbildung und Vorgänge im Magen sind durch Reflexe des vegetativen Nervensystems des Hunds verbunden. Wenn im Maul kein Speichel gebildet wird, erhält der Magen nicht den Befehl, mit der Verdauung zu beginnen. Dr. Pawlow wollte herausfinden, wie sich Außenreize auf diesen Mechanismus auswirkten. Er beschloss, mit einer Glocke zu klingeln, wenn er den Hunden Futter reichte. Der Rest ist Geschichte.

Der Clicker sollte klein und leicht zu handhaben sein.

Bis dahin hatte die Speichelbildung bei seinen Hunden immer dann eingesetzt, wenn sie das Futter sahen und es fraßen. Als Pawlow die Hunde jedoch daran gewöhnt hatte, dass vor dem Füttern die Glocke erklang, setzte bei ihnen selbst dann die Speichelbildung ein, wenn sie ihr Futter weder sehen noch riechen konnten. Pawlow bezeichnete dies als einen konditionierten Reflex, mit anderen Worten als erlernte Handlung (Reflex), und seinen Akt des Glockenläutens als Konditionierung. Er fand aber auch heraus, dass der konditionierte Reflex wieder verschwand, wenn er die Glocke allzu oft betätigte, ohne die Hunde gleich darauf zu füttern. Dann nämlich lernten die Hunde, dass das Erklingen der Glocke nicht unbedingt mit Futter in Zusammenhang stand und deshalb für sie bedeutungslos war.

Der Clicker lässt sich mit Dr. Pawlows Glocke vergleichen. Das Tier hört den Click (Glocke) und begreift, dass es gleich die Belohnung (Futter) erhalten wird. Ich wende das Clickertraining bei Hühnern auch deshalb so gern an, weil sie unmittelbar darauf reagieren. Pferde, Kühe und Schweine sind sowieso gern mit Menschen zusammen und genießen es, von uns gestreichelt und beschäftigt zu werden. Aber Hühner? Nein, sie wollen nicht gestreichelt werden und auch keine lobenden Worte hören. Was sie wollen, ist der Leckerbissen – und zwar immer sofort!

Clickertraining verwendet man für die sogenannte operante Konditionierung und ist eine fantastische Methode, um ein Huhn zu dressieren. Ein weiterer Grund, warum ich es mag, ist, dass man dabei keine Gewalt anwendet und dem Vogel die Freiheit lässt, Entscheidungen zu treffen. Es formt und belohnt positives Verhalten durch klare Signale und Verstärkungen. Der Clicker sieht zwar wie ein Kinderspielzeug aus, hat aber bei korrekter Anwendung auf Hühner eine erstaunliche Wirkung. Das Huhn lernt, mit dem Click eine positive Verstärkung zu assoziieren, nämlich Futter. Und schon wird das Training für das Huhn zum Spiel, denn es wird herausfinden wollen, welche Verhaltensweisen Sie dazu bringen, zu clicken und ihm Futter anzubieten. Ich selbst wende am liebsten Shaping (eine Begriffserklärung finden Sie ab Seite 72) und Clickertraining an, weil man damit das Verhalten des Tiers ohne jeglichen Zwang kontrollieren kann. Wenn das Huhn etwas falsch macht, bekommt es einfach keine Belohnung. Sobald der Vogel die Verbindung zwischen dem Clicklaut und dem Leckerbissen herstellt, können Sie den Clicker als Mittel einsetzen, mit dem Sie die von Ihnen erwünschten Verhaltensweisen verstärken – also für die operante Konditionierung.

Clickertraining wurde bei Hundetrainern beliebt, funktioniert aber auch bei Hühnern.

Viele Hühner lernen, herbeigelaufen zu kommen, wenn man sie ruft, oder Befehle wie „hoch" oder „geh rein" zu befolgen. Doch hören Hühner unsere Stimmen sehr häufig. Den Clicker dagegen hört das Tier nur während der Trainingseinheiten, und das erleichtert ihm das Lernen. Außerdem können wir durch das Clicken ein bestimmtes Verhalten markieren. In dem Augenblick, in dem der Vogel etwas richtig macht, clickt man. Man kann das Huhn aus einem kleinen Abstand heraus kontrollieren und ihm helfen, sich auf die betreffende Lektion zu konzentrieren.

Haben Sie schon einmal vom Markertraining gehört? Es ist im Prinzip dasselbe wie Clickertraining, nur dass man die bevorstehende Belohnung anstatt durch Clickern durch ein anderes Signal ankündigt, etwa ein Stimmsignal wie „ja" oder „gut". Als der amerikanische Psychologe

Das Huhn wartet darauf, dass der Clicker ein Verhalten markiert, für das es belohnt wird.

B. F. Skinner das dieser Ausbildungsmethode zugrunde liegende Konzept in seinem Artikel in der Zeitschrift *Scientific American* der Öffentlichkeit vorstellte, schlug er als geeignetes Signal einen Clicklaut vor. Dieser erschien ihm präzise und gut hörbar zu sein. Laut Skinner braucht der Marker nicht einmal ein Geräusch abzugeben, sondern man könnte stattdessen auch ein Lichtsignal oder eine Handbewegung einsetzen. Ich habe schon erlebt, dass beim Training mit Hühnern Laserpointer und Targets eingesetzt wurden.

Zur Beliebtheit unter Hundetrainern verhalf dem Clickertraining Karen Pryors 1984 erschienenes Buch *Positiv erziehen – sanft bestärken*. In ihren Kursen und Videos riet sie zum Einsatz des Clickers, und nach einer Weile benutzten Hundetrainer in aller Welt das Clickertraining als wichtigste Ausbildungsmethode. Meiner Ansicht nach ist es auch beim Training von Hühnern die effektivste Strategie. Stimmsignale als Marker funktionieren nicht annähernd so gut wie der Clicker.

Die Clickerausbildung

Bevor Sie mit dem Training Ihrer Hühner beginnen, sollten Sie sich darüber Gedanken machen, welche Belohnung Sie einsetzen möchten und welches Zubehör Sie benötigen.

Auswahl der Leckerbissen

Zuerst müssen Sie herausfinden, was Ihre Hühner mögen, oder besser gesagt: nach welchen Leckerbissen sie verrückt sind. Anfangs verwendete ich einfaches Hühnerfutter, aber die Reaktion darauf war eher lau. Wenn man ein Huhn hat, dem die Arbeit richtig Spaß macht, reicht das normale Futter wohl auch, doch üblicherweise belohne ich mit begehrten Delikatessen. Natürlich ist jedes Huhn anders, und jedes hat andere Vorlieben. Insgesamt betrachtet sind aber Hühner eigentlich kleine Dinosaurier und fressen deshalb so gut wie alles.

Ich verwende je nach Aufgabe verschiedene Leckerlis. Wenn ich in meine Scheune gehe und den Hühnern einfach nur eine Freude machen will, bekommen sie von mir eine große Bandbreite an kleinen Häppchen, darunter z. B.:

- Früchte wie Erdbeeren, Melone oder Äpfel
- Gemüse wie Maiskörner am Kolben, Spinat, Kürbisstücke aus der Dose
- Körnermischungen aus der Futtermittelhandlung
- Hackfleisch. Ich weiß, dass Veganer und Vegetarier das nicht gern lesen, doch meine Hühner lieben es. Ich gebe es ihnen vor allem dann, wenn ich sie stark motivieren will, weil wir z. B. im Fernsehen auftreten oder vor sehr vielen Leuten. Ich weiß, dass meine Hühner für Hackfleisch einfach alles tun würden!
- Zerbrochene Vollkornkekse
- Mehlwürmer. Im Winter schleudere ich sie quer durch den Auslauf, damit die Hühner sie suchen können. Als Belohnung finde ich sie jedoch ungeeignet. Sie sind sehr glitschig, und wenn das Huhn sie aus dem Belohnungstöpfchen pickt, fliegen sie durch die ganze Gegend
- So ziemlich alle Obst- und Gemüseabfälle sowie Speisereste (natürlich alles schimmelfrei)

Für das Clickertraining verwende ich dann allerdings speziellere Leckerbissen. Es müssen immer solche sein, die meine Hühner lieben und die sich in kleinen Stücken anbieten lassen – damit ich ihnen oft etwas geben kann, ohne zu riskieren, dass sie zu schnell satt werden. Hackfleisch stellt einen hohen Anreiz für die Hühner dar, ebenso wie Insekten. Geben Sie ihnen aber nicht jeden Tag Hackfleisch – und wenn, dann nicht allzu viel davon.

Gewöhnung an den Clicker

Sobald Ihr Huhn an Ihre Nähe gewöhnt ist und daran, dass Sie es auf den Arm nehmen und streicheln, können Sie es mit dem Clicker vertraut machen. Ich trainiere meine Hühner gern auf einem Tisch in Taillenhöhe, den ich in der Campingabteilung eines Kaufhauses gefunden habe. Er lässt sich ganz leicht in der Höhe verstellen und ist groß genug, dass ein Huhn darauf herumlaufen kann, andererseits aber auch so klein, dass ich mein Huhn – wo auch immer es sich gerade darauf befindet – gut im Blick behalten kann. Für mein Hühnertraining ist dieser Tisch einfach perfekt.

Sobald ich das Huhn auf dem Tisch habe, clicke ich bei buchstäblich jedem Verhalten, das es zeigt, einschließlich:

- Kopf drehen
- Einen Schritt gehen
- Flügel ausstrecken
- Bein ausstrecken
- Hinhocken
- Still stehen (das behalte ich mir für den Fall vor, dass ich das Gefühl habe, das Huhn habe das Interesse an meinem Vorgehen verloren; durch das Clicken und Belohnen wird seine Neugier erneut entfacht)

In dieser Anfangsphase sollten Sie jegliche Handlung Ihres Huhns belohnen, denn auf ein bestimmtes, von Ihnen gewünschtes Verhalten müssten Sie wohl sehr lang warten, und der Vogel würde irgendwann das Interesse verlieren. Damit das Huhn also lernt, dass auf den Clicklaut eine Belohnung folgt, sollten Sie zunächst noch bei jeder Bewegung clicken. Mit der Zeit begreift das Huhn, dass es für jede Aktion einen Click und ein Leckerli bekommt. Sobald es das verstanden hat, wird es Ihnen Bewegungen anbieten, um sich Belohnungen zu verdienen.

Insgesamt ist es beim Training mit Hühnern wichtig, häufig zu clicken und zu belohnen. Hühner sind superschnell, und wenn auf ein Verhalten nicht sofort Verstärkung folgt, wird das Huhn annehmen, dass es nicht das erwünschte Verhalten war. Es wird dann entweder die nächste Bewegung ausprobieren oder aber sein Interesse an Ihnen verlieren. Sobald das Huhn also auf dem Tisch ist und Sie mit der Arbeit beginnen können, müssen Sie unheimlich schnell reagieren.

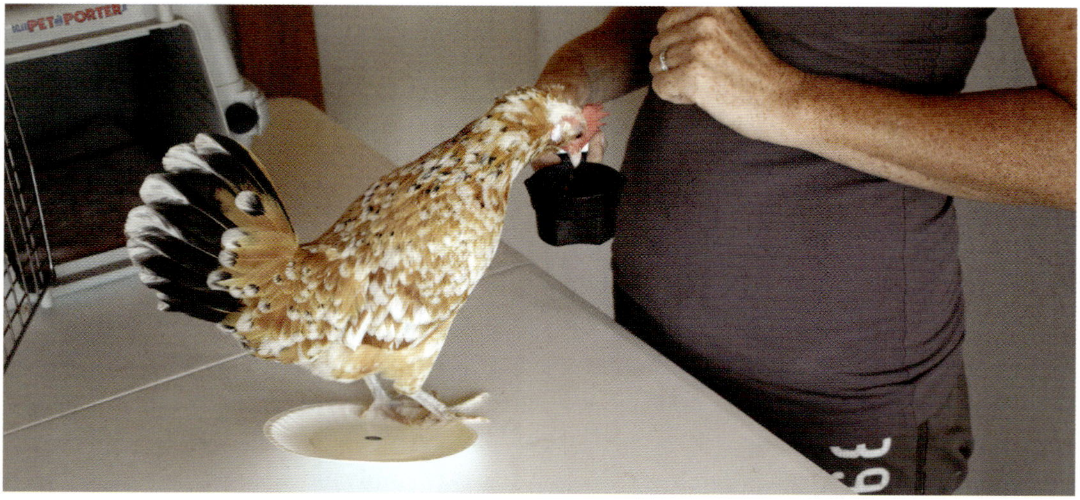

Wenn Sie mit dem Training beginnen, sollten Sie bei jeder Bewegung clicken und belohnen.

Das Clickergeräusch

Einige meiner Hühner erschrecken anfangs vor dem Click, weil er ziemlich laut ist. Die älteren Vögel haben damit kein Problem, die Küken und Junghennen aber fürchten sich vor dem Clicklaut und können ihn daher nicht mit etwas Positivem assoziieren. Mittlerweile sind auch leise Clicker im Handel oder solche, bei denen man die Lautstärke einstellen kann. Oder man verwendet einen Kugelschreiber als Clicker.

Als Dauer der Trainingseinheiten empfehle ich eine Minute. Vor allem am Anfang sollten die Einheiten nur sehr kurz sein, weil das Huhn sonst das Interesse verliert. Außerdem braucht es auch immer wieder eine mentale Pause.

Trainingsort und Ausrüstung

Nicht jeder hat in seiner Wohnung oder seinem Haus einen Trainingsraum für Hühner. Ich eigentlich auch nicht. Bei uns stehen die Transportboxen der Hühner im Vorraum, auf den Boxen der Hunde. Für das Training baue ich alles jeweils auf und nach dem Training wieder ab. Zum Glück braucht man für das Clickertraining mit Hühnern keine aufwendige, teure Ausrüstung, sondern nur folgende Gegenstände:

Tisch: Ich nehme dafür stets den höhenverstellbaren Campingtisch. Ich justiere ihn auf Taillenhöhe, sodass ich mich nicht zu bücken brauche. Auch springen die Hühner aus dieser Höhe nicht so gern hinunter.

Messbecher: Ein kleiner Messbecher mit Griff eignet sich perfekt als Behälter für die Belohnungen. Wenn man ihn nur sparsam füllt, fliegt beim Picken nicht so viel durch die Gegend. (Wäre der Tisch voller Krümel und Körner, dann würde das Huhn sie aufpicken, anstatt sich auf Sie zu konzentrieren.) Der Vorteil des Messbechers mit Griff ist, dass man ihn nicht nur gut halten kann, sondern dass sich der Clicker mithilfe von Klettband gut auf dem Griff befestigen lässt. So können Sie mit dem Daumen der

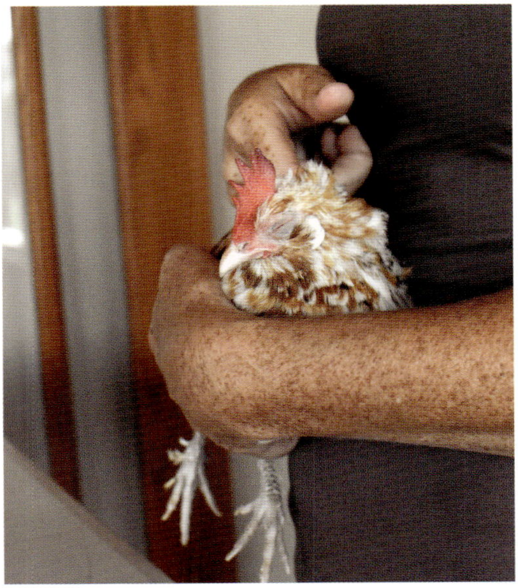

In den Trainingspausen kann sich das Huhn ausruhen und neue Kraft schöpfen.

Ein Messbecher eignet sich perfekt als Behälter für die Leckereien. Außerdem lässt sich der Clicker ganz leicht am Griff befestigen.

einen Hand den Clicker betätigen und haben die andere Hand frei. Außerdem finde ich das sehr praktisch, weil ich auf diese Weise den Messbecher hinter mir verstecken kann, sodass das Clicken hinter meinem Rücken erklingt und nicht allzu laut ist. Meine Messbecher fand ich im Billigladen. Denken Sie daran: Die Ausrüstung für das Hühnertraining braucht nicht viel Geld zu kosten!

Clicker: Einen Clicker können Sie in Zoofachhandlungen und über das Internet kaufen. Ich mag den ursprünglichen Typ am liebsten, der wie ein Kinderspielzeug aussieht, außerdem denjenigen, bei dem man auf der Rückseite die Lautstärke einstellen kann. Manche Hühner sind sehr geräuschempfindlich, für sie sollte das Clicken leise sein. Der Click soll für das Huhn interessant und spannend klingen (weil es einen Leckerbissen in Aussicht stellt) und darf nicht so laut sein, dass das Tier Angst bekommt.

Schürze oder altes Hemd: Jeder, der Hühner hat, weiß, dass sie gern und oft überall hinmachen. Deshalb sollte man sich für das Training eine Schürze oder Ähnliches überziehen, das schmutzig werden darf. So bleibt die eigene Kleidung gut vor Hühnerkot geschützt.

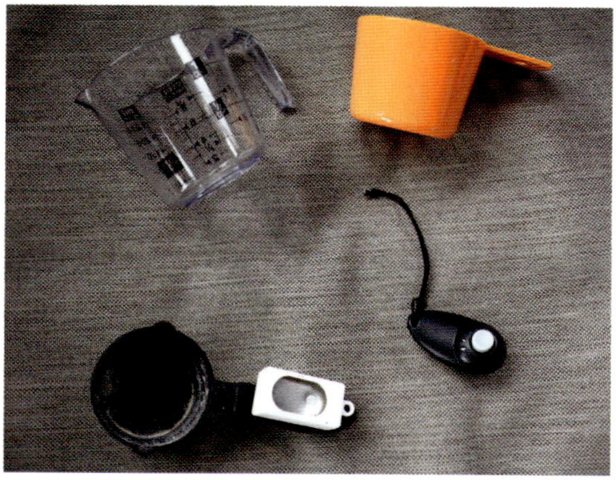

Zum unentbehrlichen Zubehör für das Hühnertraining zählen der Clicker, ein Behälter für die Leckerbissen sowie Pappteller und Filzstift oder Marker, mit dem man auf die Teller Punkte aufmalen kann.

Belohnungen: Vieles kommt dafür infrage. Ich verwende beim Training gern jeweils drei oder vier verschiedene Typen von Leckerlis. Auf diese Weise langweilt sich das Huhn nicht und wird immer eine nette Überraschung im Becher finden.

Pappteller: Ich verwende kleine Pappteller, weil man sie leicht aufheben und auf der Tischplatte herumschieben kann.

Stift oder Marker: Damit male ich Punkte auf die Pappteller.

Papiertücher oder Feuchttücher: Für das schnelle Wegputzen zwischendurch können Sie Papier- oder Feuchttücher und vielleicht verdünnten Essigreiniger in einer Sprühflasche verwenden. Das funktioniert sehr gut, auch bei unseren Auftritten außer Haus.

Eins der wichtigsten Utensilien: Während des Trainings bewahrt eine Schürze Ihre Kleidung vor Hühnerkot.

Hygiene-Handgel: Wenn andere Leute Ihre Hühner anfassen, sollten sie sich die Hände vorher und nachher desinfizieren.

Richtig stehen und belohnen

Es mag seltsam klingen, doch beim Hühnertraining kann man richtig oder falsch stehen. Wenn Sie mit Ihrem Huhn Free Shaping betreiben, müssen Sie aufpassen, dass Sie ihm nicht unabsichtlich Hinweise liefern. Wir neigen dazu, uns durch Körpersprache auszudrücken, und das Huhn erkennt daraus, was wir von ihm wollen. Wenn Sie z. B. den Pappteller mit dem Punkt auf den Tisch gelegt haben, das Huhn sich dafür jedoch nicht interessiert, könnten Sie unabsichtlich ihre Hüfte oder Schulter zum Pappteller hin drehen oder aber auf ihn schauen. Das Huhn könnte diese kleinen Bewegungen bemerken und sie als Hinweise verstehen. Beim Shaping aber sollte das Tier ganz von allein darauf kommen, welches Verhalten erwünscht ist.

So sehr auf den eigenen Körper zu achten ist anfangs ungewohnt, doch Sie werden bald lernen, sich schnell und flüssig zu bewegen. Sie müssen mit dem Vogel rasch interagieren, ohne Leckerbissen zu verschütten. Gehen gelegentlich Krümel daneben, müssen sie sofort weggewischt werden, damit das Huhn nicht durch sie abgelenkt wird. Eine Tischplatte voller Häppchen ist beim Clickertraining absolut kontraproduktiv, da das Huhn dann ständig die Tischplatte im Auge behalten wird und nicht Sie. Sie müssen sich also selbst so trainieren, dass das Clicken und Belohnen für Sie zur automatischen Reaktion wird. In genau dem Sekundenbruchteil, in dem Sie sehen, dass das Huhn das tut, was Sie wollen, müssen Sie blitzschnell clicken und belohnen.

Ich fand es hilfreich, mich selbst beim Training zu filmen. Auf diese Weise kann ich mein eigenes Verhalten beobachten. Leider immer noch sehr oft sehe ich hinterher im Film, dass mein Huhn einiges gemacht hat, was einen Click wert gewesen wäre, doch bis ich das im Training bemerkt habe, machte es schon wieder irgendetwas anderes. Sie müssen den Sekundenbruchteil abpassen, in dem das Huhn das erwünschte Verhalten zeigt, und schnell clicken.

Immer wieder werden Sie merken, dass Sie nur ein langsamer Mensch sind. Machen Sie sich also klar, dass ein Video eine Reihe von Fehlern während des Trainings enthüllen wird. Zu den häufigsten zählen falsches Timing, falsches Stehen und Anlocken des Huhns durch Absenken der Schulter. Oft fällt einem gar nicht auf, dass es vorhat, vom Tisch zu fliegen, und schreitet erst ein, wenn es schon weggeflattert ist. Sich die Videos anzusehen ist niederschmetternd, doch verpassen Sie nicht die Chance, durch sie eine gute Trainerin oder ein guter Trainer zu werden.

Als ich meinen schwarzen Labrador Buster trainierte, brachte ich ihm unabsichtlich bei, auf Kommando zu niesen. Ich merkte das zunächst gar nicht, sondern erst zwei Monate später, als

Das Clicken und Belohnen muss zu einer automatischen, flüssigen Bewegung werden.

wir in einer Hundeschule Gehen bei Fuß übten. Wir gingen also vor uns hin, und plötzlich schaute er mich an und nieste. Wir gingen ein paar Schritte weiter, dann schaute er wieder zu mir auf und nieste. Wir waren in einem Raum, und ich blickte zur Decke hoch und überlegte, ob die Luft hier sehr staubig war oder ob die Deckenleuchten den Niesreiz auslösten, wann immer er zu mir aufschaute.

Let's connect!

Falls Sie Ihre Trainingsvideos in sozialen Netzwerken posten, schicken Sie mir gern den Link. Meine Adressen finden Sie unter „Über die Autorin" auf Seite 143.

Weil ich ein Mensch und folglich langsam bin, brauchte ich einige Zeit, bis mir klar wurde, dass Buster irgendwann bei unserem Training wohl geniest und ich daraufhin zu ihm heruntergeschaut hatte. Im Grunde war es so, als hätte ich wegen des Niesens geclickert und belohnt. Dabei hatte ich ihn damals nur angeblickt, weil er geniest hatte, und er hatte meine Aufmerksamkeit als Belohnung begriffen. So lernte Buster zu niesen, um Aufmerksamkeit zu erhalten.

Dieses Beispiel verdeutlicht, welch große Rolle Körpersprache beim Training mit Tieren spielt. Hühner sind stark visuell veranlagt und unglaublich viel schneller als wir. Wenn Sie mit Ihren Vögeln Verhaltensweisen einüben, wollen Sie ja, dass sie mitdenken und Probleme lösen. Sie wollen, dass die Tiere selbstständig lernen, ohne dass Sie ihnen Anhaltspunkte liefern (oder schummeln). Was Sie nicht wollen, ist, sie anzuleiten, sie zu locken oder ihnen unabsichtlich zu zeigen, was sie tun sollen. (Es sei denn, Sie arbeiten mit Seidenhühnern, die unglaublich süß sind, zum Lernen aber immer etwas länger brauchen.) Im Allgemeinen sind Hühner super clever und finden alles von selbst heraus, wenn wir sie einfach machen lassen.

Noch ein Tipp fürs Training: Stellen Sie sich vor, Sie wären ein Roboter. Sie sollten extrem still stehen, mit geschlossenem Mund atmen, nicht sprechen und den Leckerlibecher hinter dem Rücken verstecken. In dem Augenblick, in dem Ihr Huhn etwas macht, was einen Click wert ist, strecken Sie behutsam den Arm vor und halten ihm den Leckerlibecher direkt unter den Schnabel. Beim Belohnen soll das Huhn nicht auf Sie zu- oder von Ihnen weggehen müssen.

Falls Sie Ihrem Huhn in rascher Folge mehrere Leckerlis geben wollen, halten Sie den Becher dicht vor Ihrem Bauch, anstatt ihn wieder hinter dem Rücken zu verstecken. Vergessen Sie nicht, dass Sie sich immer schnell bewegen müssen. Wenn Sie den Becher nahe am Körper halten, dann stets mit beiden Händen, um ihn mit einer Hand vor dem Huhn zu verstecken. Zum Belohnen strecken Sie nur die Hand mit dem Becher vor.

Clicken Sie, wenn der Becher nah an Ihrem Körper ist, strecken Sie die Hand mit dem Becher schnell unter den Hühnerschnabel, lassen Sie das Tier zwei- oder dreimal picken und halten Sie

Wussten Sie schon ...?

Beim Training geht es um korrekte Wiederholungen: Je schneller Sie die Wiederholungen hinbekommen, desto effizienter werden Sie und Ihr Vogel als Team sein.

sodann den Becher wieder dicht vor Ihrem Körper. Denken Sie daran, dem Huhn häufige mentale Pausen zu gönnen, denn Denken ist sehr anstrengend! Wenn Sie häufig clicken und belohnen, wird sich Ihr Vogel an Ihr Tempo oder Ihren Trainingsstil anpassen. Gehen Sie aber allzu langsam vor und übersehen Hinweise oder Verhalten, dann wird Ihr Huhn nicht sehr schnell lernen. Ein Beispiel: Sie wollen ihm beibringen, auf den Punkt auf dem Pappteller zu picken. Das Huhn schaut immer wieder den Punkt an, doch Sie versäumen zu clicken. Daraufhin wird das Huhn nicht begreifen, dass der Punkt etwas mit dem zu tun hat, was von ihm erwartet wird. Oder: Wenn das Huhn auf den Punkt schaut und gleich darauf zur Tür und Sie dann erst clicken, wird es denken, dass es die Belohnung für den Blick zur Tür erhielt. Irgendwann werden Sie das Ziel, nämlich dass das Huhn auf den aufgemalten Punkt pickt, dennoch erreichen, doch dahin zu kommen wird viel länger dauern. Ihr Vogel wird sich weniger gut konzentrieren, vielleicht sogar frustriert sein und nicht so schnell lernen. Achten Sie deshalb darauf, die Verstärkung schnell und präzise einzusetzen.

Das Tempo der Verstärkung

Weil das Clicken das Signal ist, das dem Tier die bevorstehende Belohnung ankündigt, sollte man am Anfang immer unverzüglich nach dem Click füttern. Ist das Huhn erst einmal zum Clickerprofi geworden, braucht die Belohnung nicht mehr unmittelbar auf den Click zu folgen. Denken Sie daran, dass nicht das „Click!" die Belohnung ist, sondern für den Vogel nur bedeutet, dass jetzt gleich eine Belohnung folgt. Sobald das Huhn dieses Konzept endgültig durchschaut hat, können Sie sich mit dem Belohnen nach dem Clicken einen Augenblick Zeit lassen.

Ich führe eine „verzögerte Belohnung" ein, damit meine Hühner an ihrer Impulskontrolle arbeiten können. Wenn ein Huhn beim Training die Belohnung stets unmittelbar nach dem Click erwartet, wird es ungeduldig, wenn es nicht sofort die Belohnung gereicht bekommt. Sobald es weiß, was das Geräusch zu bedeuten hat, beginne ich, ihm die Belohnung einen Sekundenbruchteil später anzubieten als zu Beginn. Man darf aber nie vergessen, dass Hühner sehr viel schneller sind als wir und dass wir deshalb entsprechend schnell reagieren müssen.

Ein Beispiel: Eine einfache Übung besteht darin, dass das Huhn aus der Box kommt, sobald die Tür geöffnet wird. Sitzt ein Huhn in seiner Box und die Tür geht auf, so ist das in sich schon

Das Verlassen der Transportbox kann zu einer guten Übung für Impulskontrolle und Belohnungsverzögerung werden.

eine Belohnung, denn es darf jetzt raus. Manche Hühner rasen regelrecht aus der Box heraus, doch ich bringe meinen Vögeln gern bei, damit einen kleinen Moment zu warten. So ist es sicherer für sie. Das Huhn kann nicht losrennen oder versuchen wegzuflattern. Außerdem wirkt es artiger und gibt mir die Möglichkeit, mein Huhn auf den Arm zu nehmen. Und nicht zuletzt macht eine derartige Übung das gesamte Training ruhiger.

Wenn das Öffnen der Tür für mein Huhn der „Trigger“ fürs Hinausrennen ist, ich aber will, dass es kurz wartet und dann erst herauskommt, werde ich es für sein gelassenes Verhalten belohnen. Ich will, dass es nach dem Öffnen der Tür noch eine kurze Weile in seiner Box bleibt. Wir bewegen uns also mit kleinen Schritten auf mehr Gelassenheit zu, und zwar folgendermaßen:

1. Man legt die Hand an die Tür der Box und reicht mit der anderen ein Futterhäppchen durch das Gitter.
2. Schritt 1 wird drei- bis fünfmal wiederholt.
3. Man entriegelt die Tür und belohnt durch das Gitter, öffnet die Tür aber noch nicht.
4. Schritt 3 wird drei- bis fünfmal wiederholt.

5. Man legt eine Hand auf die Tür, entriegelt sie, öffnet sie ungefähr einen Zentimeter weit und belohnt durch das Gitter (und nicht durch den soeben geöffneten Spalt).
6. Schritt 5 wird drei- bis fünfmal wiederholt.
7. Nun wird die Tür etwa drei Zentimeter weit geöffnet und das Huhn durch das Gitter hindurch belohnt (und nicht durch den soeben geöffneten Spalt).
8. Schritt 7 wird drei- bis fünfmal wiederholt.
9. Man öffnet die Tür halb und füttert dabei ständig durch das Gitter jeweils drei- bis fünfmal, bevor man die Tür wieder rasch, aber behutsam schließt.
10. Schritt 9 wird drei- bis fünfmal wiederholt.
11. Jetzt wird die Tür ganz geöffnet. Dabei füttert man drei- bis fünfmal durch die Türöffnung, bevor man die Tür wieder rasch, aber behutsam schließt.

Auf diese Weise lernt das Huhn, dass es von Vorteil ist, noch eine Weile in der Transportbox zu bleiben, denn Geduld wird belohnt.

Ein weiteres Beispiel für verzögerte Belohnung ist einer der ersten Tricks, die Sie Ihrem Huhn beibringen werden: das Picken auf einen Punkt (siehe Seite 96 ff.). Sobald Ihr Huhn dieses Verhalten perfekt beherrscht, warten Sie ganz kurz, bevor Sie es belohnen. Zwar clicken Sie sofort, wenn es auf den Punkt pickt, legen jedoch eine kurze Pause ein, bevor Sie es belohnen. Denken Sie daran: Ihre Vorstellung von „einem kurzen Moment“ weicht stark von der Ihres Huhns ab. Fangen Sie mit einer Pause von einer halben Sekunde an und steigern Sie sich auf mehrere Sekunden. Sie müssen aber immer noch so schnell sein, dass Ihr Huhn weiß, dass es für genau

In ihrem Käfig fühlt sich Sprinkles sehr wohl.

dieses Verhalten belohnt wurde. Warten Sie zu lange, spult es vielleicht sein Verhaltensrepertoire ab, weil es nicht weiß, wie es an seine Belohnung kommt. Doch dies war keine Übung zur Formung des Verhaltens, sondern eine, bei der Impulskontrolle erlernt werden sollte.

Woher wissen Sie, dass Ihr Vogel begreift, was das Clicken bedeutet? Manche Hühner versuchen, wenn ich mit ihnen zu trainieren beginne, an den Futterbehälter zu gelangen. Doch im fortschreitenden Training wird Ihr Huhn begreifen, dass es die Belohnung erst nach dem Clicklaut gibt. Sobald Sie merken, dass das Huhn nicht länger versucht, ans Futter zu kommen, nur weil es sieht, dass Sie es bei sich haben, sondern erst nach dem Hören des Clicks zum Becher mit den Leckerlis schaut, wissen Sie, dass es den Click mit der Belohnung assoziiert.

Ebenso wie Ihr Timing muss Ihr Tempo bei der Verstärkung sowohl in der Anfangsphase des Trainings als auch, wenn Sie einen neuen Trick einüben, gedankenschnell sein. Sobald Ihr Huhn verstanden hat, welches Verhalten von ihm erwartet wird, verlangsamen Sie das Tempo der Verstärkung – ebenso wenn Sie an Lektionen arbeiten, bei denen Ihr Huhn langsamer werden oder stehen bleiben soll. Ein Beispiel: Wenn ich ein Huhn an seine Transportbox gewöhne, warte ich nach dem Clicken jedes Mal etwas länger, bevor ich es belohne. Dadurch lernt mein Huhn zu verstehen, dass das bewegungslose Sitzen in der Box genau das ist, was ihm die Belohnung einbringt. Ich clicke weiterhin, damit es weiß, dass es etwas richtig macht, das Anbieten der Belohnung aber ist verzögert. Wenn es jetzt aufstehen und davongehen würde, bekommt es das Leckerli nicht. Doch so lange es ruhig in der Box sitzt, gibt es Belohnungen – auch wenn diese erst Augenblicke nach dem Clicken angeboten werden.

Hier einige Situationen, auf die Sie achten sollten:

Vom Tisch springen: An den allerersten Trainingstagen ist es besser, den Tisch an eine Wand zu schieben. Auf diese Weise ist die Wand auf der einen Seite des Huhns und Sie stehen auf der anderen – so bleiben ihm nur noch zwei Fluchtwege. Sollten Sie Zuschauer oder Helfer haben, könnten diese sich an die beiden übrigen Tischenden stellen, für den Fall, dass das Huhn lieber vom Tisch flattern und eigene Wege gehen will. Hühner sind clevere kleine Jäger und halten laufend nach Fluchtwegen Ausschau. Falls Ihr Huhn wirkt, als wolle es gleich fliehen, halten Sie ihm einfach Ihren Arm auf Augenhöhe vor. Aber Vorsicht! Halten Sie den Arm zu niedrig, wird es einfach darüberspringen. Ein Arm auf Augenhöhe dagegen veranlasst es, die Richtung zu wechseln.

Sobald das Huhn begriffen hat, dass der Tisch der Ort ist, an dem spannende Dinge geschehen und es Leckerbissen erhält, wird es jedes Mal freiwillig etwas länger darauf bleiben. Sobald das Huhn es längere Zeit auf dem Tisch aushält, schieben Sie den Tisch von der Wand weg und mehr zur Raummitte hin.

Schmuck tragen: Weil Hühner instinktiv nach allem picken, was glänzt, ist es schlauer, allen Schmuck vor dem Training abzunehmen. Zwar ist es nicht so, dass das Tragen von Schmuck in Reichweite des Huhns gefährlich wäre, doch wird er das Huhn immer etwas ablenken.

Ablenkungen: Bei den allerersten Trainingseinheiten mit einem Huhn sollten Sie darauf achten, dass es so gut wie keine Ablenkungen gibt. Suchen Sie sich eine Zeit aus, in der es in der Umgebung ruhig ist, andere Tiere weggesperrt und die Kinder in der Schule sind. Je weniger los ist, desto besser, denn Hühner lassen sich extrem leicht ablenken. Nachdem Sie mit diesem Huhn schon ein paar Male trainiert haben und merken, dass es gut mitmacht (also die Leckerbissen von Ihnen annimmt und begriffen hat, dass es sie für bestimmte Aktionen erhält), bauen Sie leichte Ablenkungen ein. Solch eine leichte Ablenkung

„Oh toll, etwas Glänzendes!" – Schmuck und alles andere, was glänzt, lenken das Huhn ab.

könnte eine weitere Person sein, die still im selben Raum sitzt, oder aber ein offenes Fenster, durch das Außengeräusche hereindringen. Setzen Sie das Huhn jedoch nicht allzu starken Ablenkungen aus, denn sonst kann es nicht mehr aufmerksam sein und lernen.

Schlechte Tageszeit: Für das Training gibt es geeignete und ungeeignete Tageszeiten. Sobald sich das Huhn an das Training gewöhnt hat, macht die Tageszeit weniger aus, aber Sie dürfen nicht vergessen, dass Hühner ihre Grenzen haben. Ich arbeite gern mit jungen Hühnern, die noch keine vier Monate alt sind, da es einfacher ist, zu jeder Tageszeit mit ihnen zu trainieren. Der frühe Morgen eignet sich sehr gut für das Training, weil Hühner da am aktivsten (und hungrigsten!) sind. Nachmittags entspannen sie sich gern und nehmen Staubbäder, deshalb eignet sich diese Tageszeit für das Training weniger gut. Wenn Hühner etwas älter sind und mit dem Eierlegen begonnen haben, sollte man darauf achten, um welche Zeit sie gewöhnlich legen. In dieser Tagesphase sind sie geistig so stark mit dem zu legenden Ei beschäftigt, dass sie sich nicht auf das Training konzentrieren können. Meine Hühner suchen abends stets ungefähr zur gleichen Zeit ihre Schlafstangen auf. Wenn Sie mich nach meiner Zu-Bett-geh-Zeit zur Problemlösung auffordern würden, würde ich vermutlich sehr unwillig reagieren. Mit anderen Worten: Der Abend ist keine geeignete Zeit für das Hühnertraining.

Begriffe rund ums Clickertraining

Ich danke Karen Pryor, die mir gestattete, die folgenden Begriffe aus ihrem *Glossary of Terms for Clicker Training* (das vollständige Glossar auf Englisch finden Sie unter www.clickertraining.com/glossary) zu übernehmen. Wie bereits erwähnt, ist Karen eine Begründerin des Clickertrainings und Autorin wichtiger Bücher über Clickertraining für Hunde und deren Verhalten. Auf den folgenden Seiten finden Sie einige der Begriffe, die ich in diesem Buch laufend verwende. Ich erläutere sie mithilfe von Karens Definitionen, die ich gelegentlich durch eigene Kommentare und Beispiele aus dem Training mit Hühnern ergänze; all meine Ergänzungen sind in kursiver Schrift gedruckt.

Aversive: Alle Umstände oder Ereignisse, die Schmerz, Angst oder emotionales Unwohlsein erzeugen. *In unserem Training verwenden wir keine Aversive.*

Backchaining (Rückwärtsverkettung): Das letzte Verhaltenselement einer Verhaltenskette wird als Erstes erlernt, dann ist das vorletzte an der Reihe usw. Die Rückwärtsverkettung nutzt das Premack-Prinzip (siehe Seite 77). *Beispiel: Ich will, dass mein Huhn eine Leiter entlangläuft und an deren Ende eine Glocke läutet. Ich beginne damit, ihm das Läuten der Glocke beizubringen.*

Belohnungsfreier Marker: Ein Signal, das bedeuten soll: „Nein, das war nicht richtig. Versuch es noch einmal." Aus der Perspektive der operanten Konditionierung soll es Löschung durch einen verbalen Hinweis fördern. Allerdings kann man, wenn etwas der Situation hinzugefügt wurde, nicht mehr erkennen, ob die Veränderung durch Löschung oder durch Bestrafung eintrat. Belohnungsfreie Marker komplizieren ein Trainingsprogramm nur unnötig.

Bestrafung: Bei der operanten Konditionierung ein Verhalten, bei dem der Situation etwas hinzugefügt oder etwas aus ihr entfernt wird, damit dieses Verhalten in der Zukunft seltener auftritt.

Clicker: Ein kleines Gerät, mit dem ein Clicklaut erzeugt werden kann. Tiertrainer markieren durch diesen Laut ein erwünschtes Verhalten. Das Geräusch eignet sich deshalb so gut, weil es ansonsten in der Umwelt des Tiers nicht vorkommt und immer gleich klingt. *Im Handel sind verschiedene Clickertypen erhältlich. Bei manchen Modellen lässt sich die Lautstärke einstellen.*

Clickertraining: Eine Ausbildungsmethode, bei der positive Verstärkung (Belohnung) mit einem akustischen Marker (Clicklaut) kombiniert wird. *Ziel ist es, erwünschtes Verhalten beizubringen.*

Desensibilisierung: Ein Prozess, bei dem die Toleranz des Tiers gegenüber einem bestimmten Reiz erhöht wird, indem man die Präsenz dieses Reizes schrittweise erhöht.

Differenzielle Verstärkung: Manche Reaktionen werden belohnt, andere nicht. *Beispiel: Wenn Ihr Huhn nur auf den orangefarbenen Kreis picken soll, belohnen Sie es nicht dafür, dass es auf andersfarbige Kreise pickt. Differenzielle Verstärkung ist kein Verstärkungsplan.*

Dreifach (Tri-fer): Eine Trainingseinheit, bei der ein Tier drei Verhaltensweisen zeigen muss, um ein Clickern und die Belohnung zu verdienen.

Ereignismarker: Ein Signal, mit dem erwünschtes Verhalten in dem Augenblick markiert wird, in dem es auftritt. Der Clicker ist ein Ereignismarker.

Fixierte Relation (fixed ratio): Ein Verstärkungsschema, bei dem der Trainer ein erwünschtes Verhalten nach einer bestimmten Anzahl von Reaktionen verstärkt. „Zweifach" und „Dreifach" (siehe dort) sind Beispiele für fixierte Relationen.

Fixierter Quotenplan: Ein Verstärkungsschema, bei dem der Trainer ein erwünschtes Verhalten nach einer bestimmten Zeitspanne verstärkt, etwa einmal pro Minute.

Gewöhnung: Die Fähigkeit, sich an etwas zu gewöhnen und aufzuhören, auf bedeutungslose Reize zu reagieren. *Für Hühner ist das schwierig, aber nicht unmöglich. Sie sind stark instinktgesteuerte, dabei aber auch sehr anpassungsfähige Tiere.*

Hinweisreiz: Ein Reiz, der ein Verhalten auslöst. Er kann verbal oder physisch (z. B. Handsignal) sein oder mit der Umwelt zusammenhängen. *Beispiel: Wenn ich den Deckel von der Futtertonne nehme, kommen meine Hühner angelaufen. Der Hinweis ist das Hochheben des Deckels, das Verhalten das Herbeilaufen.*

Intervallverstärkung: Der Trainer verstärkt nach Zeitplan. Bei fixierter Intervallverstärkung verstärkt der Trainer die erwünschte Reaktion nach einer bestimmten Zeitspanne, z. B. jede Minute. Bei variabler Intervallverstärkung verstärkt der Trainer nach unterschiedlich langen Zeitspannen innerhalb eines bestimmten Zeitrahmens.

Jackpot: Eine besonders große Belohnung, die auf eine außergewöhnliche Leistung folgt.

Klassische Konditionierung: Die wiederkehrende Verbindung eines neutralen Reizes mit einer unwillkürlichen Reaktion, bis der Reiz die Reaktion hervorruft. *Beispiel: der pawlowsche Hund. Der neutrale Reiz (Glocke) ruft die Reaktion hervor (Speichelbildung).*

Kombiniertes Training: Eine Ausbildungsmethode, bei der alle fünf Prinzipien der operanten Konditionierung (siehe Seite 81) und ein akustischer Marker (Clicker) verwendet werden, um Verhalten zu modifizieren.

Konditionierte Bestrafung: Ein konditionierter Reiz, der anzeigt, dass Aversives eintreten wird. Er wird eingesetzt, um Verhalten zu verhindern oder zu unterbrechen: Falls das Verhalten abbricht oder verändert wird, kann das Aversiv vermieden werden. *Das Huhn will vom Tisch springen, und Sie halten ihm rasch Ihren Arm in Augenhöhe vor, damit es das unterlässt.*

Konditionierte Verstärkung: Ein neutraler Reiz, der so lange mit einem primären Verstärker verbunden wird, bis die Eigenschaften des primären Verstärkers mit dem neutralen Reiz assoziiert werden. Das Clickern wird zum konditionierten Verstärker, nachdem es wiederholt mit einem Leckerbissen oder einem anderen Verstärker in Verbindung gebracht wurde.

Konditionierter Reiz: Jeder Reiz, der einem bestimmten Verhalten oder Ereignis so oft vorausging, dass er Bewusstheit oder Reaktion hervorruft, z. B. Clicks und Hinweise.

Konsequenz: Das Ergebnis einer Aktion. Konsequenzen beeinflussen oft, aber nicht immer zukünftiges Verhalten und bewirken, dass dieses häufiger oder seltener auftritt. Die fünf Prinzipien der operanten Konditionierung beschreiben die potenziellen Ergebnisse.

Konterkonditionierung: Die Verbindung eines Reizes, der eine bestimmte Reaktion hervorruft, mit einem anderen, der eine gegenteilige Reaktion hervorruft, sodass der erste Reiz die zweite Reaktion hervorruft. *Beispiel: Ein Huhn hat Angst vor dem Haushund. Wenn er in der Nähe ist, erhält das Huhn leckere Erdbeerstückchen, damit es eine positive Assoziation zum Hund aufbaut. Allerdings muss man dabei schrittweise vorgehen, damit das Huhn die Erdbeerstückchen nicht mit Angst assoziiert.*

Kontinuierliche Verstärkung: Die einfachste Form der Verstärkung. Jede erwünschte Reaktion wird verstärkt.

Korrektur: Mittels eines physischen Aversivs soll dem Tier im Zwangstraining klargemacht werden, dass es sich falsch verhalten hat. In manchen Fällen führt der Ausbilder das Tier anschließend durch das erwünschte Verhalten. Der Einsatz eines Aversivs, auf den erwünschtes Verhalten folgt, gilt als lehrreich, daher der Euphemismus „Korrektur".

Kriterien für erwünschte Reaktionen: Spezifische, vom Trainer definierte Eigenschaften einer erwünschten Reaktion in einer Trainingseinheit. Der Trainer clickt augenblicklich, wenn das Tier die einzelnen Kriterien erfüllt. Kriterien können nicht nur Verhaltensweisen sein, sondern auch Elemente wie Latenz, Dauer und Entfernung.

Latenz: Der Zeitraum zwischen Hinweis und Reaktion. Anfangs sollte sie bei null liegen, oder zumindest so gering wie möglich sein. *Mit anderen Worten: Wenn Sie mit dem Training eines Huhns beginnen, sollte die Belohnung unmittelbar auf den Clicklaut folgen.*

Locken: Eine Methode, bei der man ein Tier durch ein erwünschtes Verhalten führt, ohne es zu berühren. *Beispiel: Man kann ein Huhn mit einem Leckerbissen in seinen Stall locken.* Durch Locken lassen sich komplexere Verhalten erzielen. Dabei kann man Futter verwenden, aber auch einen Targetstab (siehe Seite 78) oder etwas anderes, dem das Tier folgen wird. *Ich verwende anfangs einen Kochlöffel aus Holz und ersetze ihn später durch meinen zeigenden Finger.* Das Lockmittel muss in einem frühen Ausbildungsstadium überflüssig gemacht werden.

Löschung (Extinktion): Das Schwächen von Verhalten durch Nichtverstärken oder „Ignorieren" des Verhaltens. Bei der Löschung wird der Umwelt nichts hinzugefügt oder aus ihr entnommen. *Beispiel: Ein Leckerli liegt auf der anderen Seite des Zauns. Das Huhn kommt nicht ran. Weil es das Häppchen nicht zu sich heranziehen und fressen kann – die Bemühungen also nicht durch Erfolg verstärkt werden –, gibt es irgendwann den Versuch auf, den Leckerbissen zu erhaschen.*

Löschungstrotz: Tritt typischerweise bei Löschung auf. Wenn ein zuvor verstärktes Verhalten nicht länger verstärkt wird, steigert das Tier die Intensität oder Frequenz des Verhaltens in der Hoffnung, dadurch wieder die Verstärkung zu erhalten. Wird das Verhalten dennoch nicht verstärkt, wird es nach Auftreten des Löschungstrotzes immer seltener gezeigt. *Beispiel: Ein Leckerli liegt auf der anderen Seite des Zauns. Das Huhn kam anfangs ran. Dann wird es so platziert, dass es fast an derselben Stelle, aber außerhalb der Reichweite des Huhns liegt. Ihr Huhn wird sich intensiv bemühen, den Leckerbissen zu erwischen, schließlich aber aufgeben.*

Marker: Ein Signal, das das Eintreten erwünschten Verhaltens markiert. Der Clicker ist ein Marker.

Modeling: Eine in der traditionellen Ausbildung verwendete Technik zur Erzielung erwünschten Verhaltens. Anfangs wird das Tier physisch geführt oder auf andere Weise zu diesem Verhalten gezwungen. Drückt man das Hinterteil eines Hunds in Richtung Boden, handelt es sich um Modeling. Beim Clickertraining wird dies nicht angewandt, weil die Tiere aktiv am Trainingsprozess teilnehmen und selbst draufkommen sollen, was ihnen die Belohnungen einbringt.

Negative Bestrafung (B-): Etwas wegnehmen, sodass sich das Tier bemüht, es wiederzuerlangen. *Beispiel: Das Huhn dringt in Ihren persönlichen Raum ein, um an den Leckerbissen zu kommen. Indem Sie sich wegdrehen oder weggehen, wenden Sie negative Bestrafung an, denn Sie entziehen dem Huhn sowohl die Belohnung als auch Ihre Aufmerksamkeit.*

Negative Verstärkung (V-): Etwas wegnehmen, das das Tier meiden will, um ein Verhalten zu verstärken. *Beispiel: Ein Huhn wurde von einem Pferd getreten. Es wird sich von sich aus von Pferden fernhalten und einen „sicheren Raum" aufsuchen. Die Gefahr, abermals getreten zu werden, ist durch den Aufenthalt im sicheren Raum gebannt.* Voraussetzung für den Einsatz von negativer Verstärkung im Training ist, dass zuerst ein Aversiv angewandt oder angedroht wird, damit das Tier seine Entfernung anstrebt.

Operante Konditionierung: Ein Prozess, in dem die Reaktion eines Tiers auf bestimmte Reize verändert wird, indem man die unmittelbar auf die Reaktion folgenden Konsequenzen manipuliert. Die operante Konditionierung eines Verhaltens kann nach fünf Prinzipien erfolgen (siehe Seite 81), die von B. F. Skinner entwickelt wurden. Clickertraining ist ein Derivat der operanten Konditionierung, das allerdings nur drei der fünf Prinzipien einsetzt: positive Verstärkung, Löschung und, in geringerem Maße, negative Bestrafung.

Positive Bestrafung (B+): Etwas hinzufügen, das das Tier vermeiden will, sodass ein bestimmtes Verhalten seltener auftritt. *Beispiel: Wenn ich nicht will, dass meine Hühner die Scheune verlassen, kann ich mich davorstellen und laut schreien, in die Hände klatschen oder aufstampfen, wann immer sie sich dem geöffneten Tor nähern.*

Positive Verstärkung (V+): Etwas hinzufügen, das das Tier will, sodass ein bestimmtes Verhalten häufiger auftritt. *Beispiel: Wenn Sie dem Huhn einen Leckerbissen geben, weil es zu Ihnen läuft, erhöht sich die Wahrscheinlichkeit, dass es wieder zu Ihnen kommen wird.*

Premack-Prinzip: Eine Theorie, der zufolge eine stärkere Reaktion oder bevorzugte Reaktion eine schwächere Reaktion verstärken wird. In den 1960er-Jahren beschäftigten sich zahlreiche Psychologen mit Behaviorismus und erforschten die instrumentelle Konditionierung, die versuchte, Verhalten zu verändern, indem es dieses Verhalten mit bestimmten Konsequenzen verband. *Beispiel: Ratten lernten, einen Hebel zu betätigen, um an Futter zu kommen, oder einen anderen Hebel nicht zu betätigen, um keinen elektrischen Schlag zu erhalten.*

Primärer Verstärker: Ein Verstärker, der die Grundbedürfnisse des Tiers erfüllt. Futter, Wasser und Sex sind primäre Verstärker.

Proofing: Mit dem Tier während vorhandener Ablenkungen ein bestimmtes Verhalten einüben. *Im Hühner-Clickertraining ist dies keine leichte Aufgabe, aber man kann es schaffen!*

Reiz: Eine Veränderung in der Umwelt. Hat der Reiz keinerlei Wirkung auf das Tier, so bezeichnet man ihn als neutralen Reiz. *(Beispiel: Meine Hühner leben mit Hängebauchschweinen zusammen, ignorieren sie aber weitgehend.)* Ein auffälliger Reiz, den das Tier stärker bemerkt als andere Umweltreize, ist ein salienter Reiz. *(Beispiel: Ein Huhn sieht in der Luft einen Habicht und versteckt sich deshalb unter einem Strauch.)* Ein Reiz, der eine Veränderung im Tier auslöst (es z. B. veranlasst, ein bestimmtes Verhalten zu zeigen), ist ein diskriminativer Reiz.

Reizkontrolle: Ein bedingter Reiz wird zu einem diskriminativen Reiz (oder Hinweis), wenn auf ihn ein bestimmtes erlerntes Verhalten oder eine erlernte Reaktion folgt. Die Reaktion befindet sich „unter Reizkontrolle“, wenn die Konfrontation mit dem betreffenden Reiz diese vier Bedingungen erfüllt: Das Verhalten wird stets angeboten, wenn der Hinweis gegeben wird; das Verhalten wird nicht angeboten, wenn der Hinweis fehlt; das Verhalten wird nicht in Reaktion auf einen anderen Hinweis angeboten; kein anderes Verhalten tritt als Reaktion auf diesen Hinweis auf.

Relation (Quote): Eine Verstärkungsstrategie, bei der der Trainer erwünschtes Verhalten aufgrund der Anzahl der Reaktionen verstärkt. Bei einer fixierten Relation verstärkt der Trainer die erste „korrekte“ Reaktion nach einer festgelegten Anzahl korrekter Reaktionen. „Zweifach“ und „Dreifach“ (siehe dort) sind Beispiele für fixierte Relationen. Bei der Strategie der variablen Relation verstärkt der Trainer die erste korrekte Reaktion nach einer variierenden Anzahl korrekter Reaktionen.

Release Word: Ein Wort, das das Ende eines Verhaltens signalisiert. Sobald ein Verhalten fest eingeübt ist, ersetzt der Trainer den Clicker durch einen Wortbefehl. *Bisher habe ich bei meinen*

Hühnern kein Release Word benutzt, doch ich denke, dass sie begreifen könnten, dass es das Ende der Trainingseinheit kennzeichnet, weil ich danach auch keine Leckerbissen mehr anbiete.

Sekundärer Verstärker: Ein Verstärker, der keine Grundbedürfnisse des Tiers erfüllt. Sekundäre Verstärker können allerdings ebenso mächtig oder sogar mächtiger als primäre Verstärker sein.

Shaping: Das Formen eines neuen Verhaltens, indem kleinste Tendenzen in die richtige Rchtung positiv verstärkt werden. *Beim Trainieren der Hühner wendet man Shaping sehr oft an.*

Spontane Erholung: Ein Rückfall, bei dem ein vermeintlich gelöschtes Verhalten unerwartet wieder auftritt. Wenn der Trainer darauf achtet, es nicht zu verstärken, wird es bald wieder verschwinden.

Sukzessive Annäherung: Das allmähliche Steigern oder Ändern eines Verhaltens durch wiederholte Veränderung der Umwelt, die das Verhalten steigern soll. So kann man z. B. das Gewicht einer Last oder aber die Höhe eines Sprunghindernisses schrittweise steigern, um die Anstrengung des Tiers beim Tragen von Lasten oder dem Überwinden von Hindernissen zu vergrößern.

Target: Target ist das englische Wort für „Ziel". Im Clickertraining ist mit Target immer ein Objekt gemeint, das das Tier mit einem Körperteil berühren soll. Dieses Verhalten erlernt das Tier durch ein spezifisches Training.

Targetstab: Ein Stab, dem das Tier folgen soll. Dieses Verhalten erlernt das Tier durch ein spezifisches Training. Targetstäbe helfen beim gezielten Shaping. *Bei meinen Hühnern verwende ich als Targetstab meist hölzerne Kochlöffel.*

Tempo der Verstärkung: Die Anzahl von Verstärkungen, die innerhalb eines bestimmten Zeitraums für erwünschtes Verhalten erteilt werden. Eine hohes Tempo der Verstärkung kann den Trainingserfolg gefährden.

Temporäre Kriterien: Kriterien, die Schritte auf ein finales Verhalten darstellen, aber nicht Bestandteil dieses finalen Verhaltens sind. Sie sollten nur bis zu einer Zuverlässigkeit von 80 Prozent eingeübt werden. Wird ein temporäres Kriterium allzu lange verstärkt, wird das Tier später sein Verhalten möglicherweise nicht ändern wollen. *Beim Hühnertraining werden oft temporäre Kriterien genutzt.*

Timing: Das Timing des Clickerns. Idealerweise sollte das „Click“ in genau dem Augenblick erklingen, indem das Zielkriterium gezeigt wurde. Timing ist eine mechanische Fähigkeit, die etwas Übung erfordert. Der Trainer muss in der Lage sein, jene Verhaltensweisen zu erkennen, die dem Zielkriterium vorausgehen, um im genau richtigen Moment zu clickern.

Traditionelle Ausbildung: Zwangstraining. Typisch für die traditionelle Ausbildung sind das Formen, das Locken sowie der Einsatz von negativer Verstärkung und positiver Bestrafung.

Trainingsdauer: Eine vorher festgelegte Zeitspanne für das Training, die in mehrere Trainingseinheiten gegliedert sein kann.

Trainingseinheit: Entweder eine vorher festgelegte Zeitspanne oder eine vorher festgelegte Anzahl von Wiederholungen. Während einer Einheit sollten die Kriterien gleichbleibend sein. Am Ende einer Trainingseinheit bewertet der Trainer die Fortschritte des Tiers und entscheidet, ob die folgende Einheit anspruchsvoller wird oder ob es bei denselben Kriterien bleibt.

Überbrückungsreiz: Ein spezieller Marker für die gewünschte Reaktion, der die Zeitspanne zwischen dem Eintreten der Reaktion und der Übergabe der primären Verstärkung (also der Belohnung) „überbrückt“. Der Clicker ist ein Überbrückungsreiz.

Umweltbezogene Verstärker: Alles in der Umwelt, das Ihr Tier möchte. Trainer können sie als wirksame Verstärker für erwünschtes Verhalten nutzen. *Beispiel: Ihr Huhn will nach draußen. Sie können ein bestimmtes Verhalten verlangen und Ihrem Huhn je nachdem, ob es dieses zeigte oder nicht, erlauben oder nicht erlauben, nach draußen zu gehen.*

Variables Intervall: Ein Verstärkungsprogramm, bei dem der Trainer erwünschtes Verhalten nach unterschiedlichen Zeiträumen innerhalb eines festgelegten Zeitrahmens verstärkt.

Variable Relation: Ein Verstärkungsprogramm, bei dem der Trainer erwünschtes Verhalten nach einer variablen Anzahl korrekter Reaktionen verstärkt.

Variables Verstärkungsprogramm: Theoretisch kann dieser Begriff entweder ein variables Intervall oder aber eine variable Relation bezeichnen. Die meisten Trainer verwenden ihn allerdings als Bezeichnung für eine variable Relation.

Verhalten: Eine beobachtbare, vom Tier ausgeführte Aktion. Sie kann auch darin bestehen, dass das Tier still dasteht und dann den Kopf dreht und etwas ansieht. Auch Schlaf ist ein Verhalten.

Verhaltenskette: Eine Reihe von Verhaltenselementen, die durch Hinweise zu einer ununterbrochenen Sequenz verbunden und durch eine Verstärkung am Ende der Kette erhalten wird. Jeder Hinweis dient als Marker und Verstärker für das vorangegangene Verhalten und als Hinweis für das darauffolgende. *Beispiel: Das Huhn soll eine Leiter entlanglaufen und eine an deren Ende befestigte Glocke läuten. Ich clicke und belohne für alle paar Schritte, die es macht, und clicke und belohne für das Erreichen des Leiterendes, doch den Jackpot erhält es erst nach dem Läuten der Glocke.*

Verstärkung: In der operanten Konditionierung die Konsequenz eines Verhaltens, die darin besteht, dass in der Situation etwas hinzugefügt oder etwas aus ihr entfernt wird, damit dieses Verhalten in der Zukunft häufiger auftritt.

Vier Quadranten der operanten Konditionierung: Eine unkorrekte Bezeichnung der verbreiteten Grafik, die das Konzept von Verstärkung und Bestrafung illustriert und auf zweifache Weise irreführend ist. Sie lässt die Löschung unerwähnt und täuscht vor, dass bei einem Trainingsprogramm sämtliche Prinzipien der operanten Konditionierung gleichwertig seien.

Zwangstraining: Die traditionelle Ausbildungsmethode für Hunde, bei der ein Hund gezwungen wird, das erwünschte Verhalten zu zeigen, und für unerwünschtes Verhalten bestraft wird. *Bei Hühnern lässt sich mit Zwangstraining nichts ausrichten!*

Zweifach (Two-fer): Eine Trainingseinheit, bei der ein Tier zwei Verhaltensweisen zeigen muss, um ein Clickern und die Belohnung zu verdienen.

Zusätzliche Begriffe

Free Shaping: Eine Methode, bei der der Trainer darauf wartet, bis das Tier das erwünschte Verhalten von allein zeigt und dieses Verhalten dann belohnt, um die kleinen Schritte zu nutzen, die zum angestrebten Ziel führen. Dies ist die Art von Training, die wir bei unseren Hühnern am häufigsten anwenden. Die Hühner entscheiden dabei ganz allein, welches Verhalten sie anbieten; auf diese Weise lernen sie schneller und merken sich die Informationen besser.

Intermittierende Verstärkung: Hierbei wird das Tier in variablen Intervallen für ein bestimmtes Verhalten belohnt – also nicht jedes einzelne Mal und auch nicht jedes zweite, sondern nach dem Zufallsprinzip. Ich mache das gern bei meinen Hunden, wenn ich sie rufe. Manchmal erhalten sie eine Belohnung, wenn sie kommen, und manchmal nicht. Weil wir auf dem Land leben, müssen unsere Hunde zuverlässig gehorchen, gleichgültig, was sie gerade taten, bevor sie uns rufen hörten (auch wenn sie gerade eine sehr vielversprechende Fährte entdeckt hatten).

Intermittierende Verstärkung ist ein sehr wirksames Werkzeug. Stellen Sie sich einen Getränkeautomaten vor. Wenn Sie Geld einwerfen, erwarten Sie, dass ein Getränk herauskommt, denn Sie sind darauf konditioniert, das zu erwarten. Die Belohnung ist zuverlässig und wird erwartet. Wenn ich mein Huhn für jedes einzelne Picken auf den Punkt belohnen würde, hätte dies zur Folge, dass es dieses ständige Belohntwerden erwarten würde. Würde ich es dann eines Tages plötzlich nicht mehr belohnen, würde es sich vielleicht fragen, was da los ist. Wenn ich meine Münzen in einen Getränkeautomaten werfe und kein Getränk erhalte, denke ich wahrscheinlich, dass der Automat kaputt ist, und gehe durstig weg.

Wenn ich dagegen an einem Spielautomaten sitze, weiß ich, dass ich nicht jedes Mal, wenn ich Geld einwerfe, dafür auch wieder Geld erhalten werde. Dennoch spiele ich weiter, in der Hoffnung, dass ich beim nächsten Mal den Jackpot gewinne. Oder beim übernächsten Mal ... Und deshalb werfe ich immer weiter Geld ein.

Prompted Shaping: Ein Training, bei dem das erwünschte Verhalten mittels Lockung mit Leckerbissen oder einem Target erreicht werden soll.

Die fünf Prinzipien der operanten Konditionierung

Die von B. F. Skinner entwickelten fünf Prinzipien der operanten Konditionierung sind laut Karen Pryors Begriffsdefinitionen folgende:

- Positive Verstärkung (V+)
- Negative Verstärkung (V-)
- Positive Bestrafung (B+)
- Negative Bestrafung (B-)
- Löschung (Extinktion)

Vorbereitung auf das Training

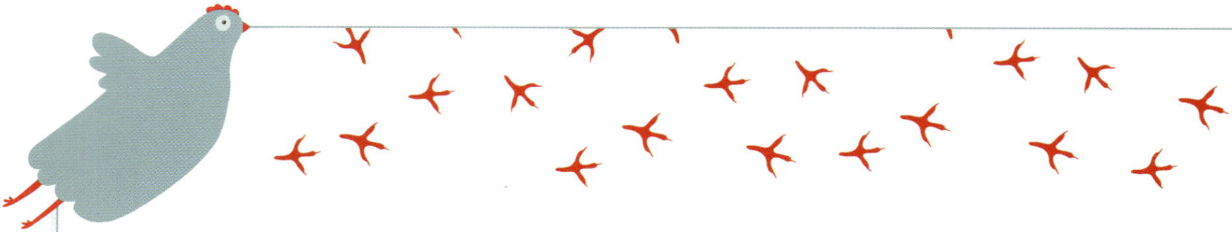

Wenn ich mit meinen Hühnern trainiere, bringe ich sie in Boxen unter. Ich glaube, das hilft, klare Grenzen zu ziehen. Außerdem habe ich das Gefühl, dass sie dann bereitwilliger mitarbeiten. Durch das Eingrenzen seines Bewegungsspielraums setzt man dem Tier Grenzen und schafft gleichzeitig eine Umwelt, in der das Tier für die Befriedigung seiner Bedürfnisse auf den Menschen angewiesen ist.

Wenn Ihre Hühner den ganzen Tag frei herumlaufen dürfen, dann brauchen sie Sie eigentlich gar nicht, oder glauben es zumindest, denn sie bringen das Futter im Spender nicht unbedingt mit Ihnen in Verbindung. Sie können Tag und Nacht tun, was sie wollen.

Probieren Sie einfach aus, welcher Weg für Sie und Ihr Huhn der beste ist – schließlich soll es gern mit Ihnen zusammenarbeiten.

Bei uns ist es beispielsweise so, dass jeder meiner Hunde seinen eigenen Zimmerkennel hat. Ich weiß, dass es ihnen gefällt, ihre eigenen Räume zu haben. Oft gehen sie von sich aus hinein, besonders dann, wenn sie müde sind oder wenn bei uns viel los ist.

Die Hühner halten es genauso. Die Boxen sind ihre eigenen kleinen Schlafzimmer, und in ihnen fühlen sie sich geborgen. Mittels Shaping bringe ich jedem Huhn bei, seine eigene Box aufzusuchen. Sobald es begriffen hat, was es tun soll, setze ich ein Handzeichen ein, meist indem ich auf die betreffende Box zeige, und es marschiert brav hinein. Gewöhnlich genügt es sogar, die Boxentür zu öffnen, denn meine Hühner mögen ihre „Schlafzimmer".

Falls ich mit meinen Hühnern auf ein bestimmtes Ziel hinarbeite, weil ich etwa mit ihnen zu einem Workshop fahren will, stelle ich ihre Boxen ins Wohnzimmer und trainiere mehrmals am Tag ein paar Minuten lang mit ihnen an und in der Box. Da sich die Hühner in der Regel in ihren Boxen geborgen fühlen, ist es für sie auch weniger stressig, in ihnen zu reisen – was sich als sehr hilfreich erweist, vor allem

Meine Henne Wilderness fühlt sich in ihrem Käfig geborgen und nicht eingesperrt.

wenn man wie ich viel mit ihnen unterwegs ist. Ein Huhn, das es nicht gewohnt ist, an fremde Orte gebracht zu werden, hat vielleicht bereits beim Eintreffen am Zielort seine Stressschwelle erreicht und kann sich dann nicht mehr auf die Arbeit konzentrieren.

Bevor ich mit meinen Hühnern also irgendwo einen Termin wahrnehme, mache ich sie zunächst mit dem Aufenthalt in der Box und natürlich auch mit dem Autofahren vertraut. Außerdem bringe ich sie an verschiedene Orte, damit sie sich daran gewöhnen können, irgendwo anders zu sein.

Welche Transportbox?

Ich verwende für meine Hühner Transportboxen aus Plastik und habe den Eindruck, dass sie sich darin geborgen fühlen. Falls Sie für Ihr Huhn einen Gitterkäfig haben, sollten Sie ihn teilweise mit einem Handtuch abdecken. Auf jeden Fall muss die Box so groß sein, dass das Huhn darin stehen, sich umdrehen und bequem hocken kann. Für das Training braucht sie aber auch nicht größer zu sein.

Die Trainingsbox kann auch als Transportbox dienen, sodass das Huhn stets stressfrei in einer vertrauten Umgebung reist.

Gewöhnung an die Box

Eines meiner Lieblingshühner war eine Andalusierhenne namens Sam. Sie war an ihre Box gewöhnt und sogar stubenrein. Gern würde ich damit angeben, dass ich ihr das antrainiert habe, aber sie hat sich das selbst beigebracht. Niemals verrichtete sie ihr Geschäftchen in ihrer Box: Genau wie eine brütende Henne konnte sie sich lang zurückhalten. Doch ungefähr zwei Minuten nachdem man sie herausgelassen hatte, setzte sie ihr Häufchen ab. Das tat sie derart zuverlässig, dass ich sie stets sofort nach dem Herauslassen nach draußen brachte. Sie tat, was sie tun musste, ich trug sie wieder ins Haus und konnte nun mit dem Training beginnen. Nicht alle Hühner gewöhnen sich diese Art von Sauberkeit an, doch viele tun es. Idealerweise sollte man das Huhn schon sehr früh mit der Box vertraut machen, bereits im Alter von einer Woche. Dann nämlich fangen Hühner an, selbstständig zu picken, und man kann sie mit Futter belohnen.

Die Gewöhnung an die Box erfolgt in erster Linie mittels Locken. Dazu verwende ich einen Becher voller Leckereien. Zunächst halte ich ihn dem Huhn hin. Sobald es unbefangen daraus

Grenzen setzen?

Falls Sie Ihr Huhn nicht in eine Box sperren wollen, können Sie ihm auch auf andere Weise Grenzen setzen. Solange es nicht vollkommen frei herumläuft, wird es seine Beziehung zu Ihnen auf ähnliche Weise interpretieren, wie wenn es in der Box bleiben muss. Ich kenne Leute, die ihren Hühnern im Badezimmer einen Bereich eingerichtet haben, indem sie die Badewanne zum Nistgebiet umfunktionierten und dem Huhn ein Areal einräumten, in dem es fressen und sein Geschäftchen verrichten kann. Als „Zaunmaterial" eignen sich Tierlaufställe, wie man sie für Welpen verwendet, oder auch Laufställe für Babys. Sorgen Sie einfach dafür, dass das Huhn genügend Platz hat, aber dennoch auf Sie angewiesen bleibt. Falls Sie Ihr Huhn in der Stadt als Haustier halten, eignet sich ein Laufstall ganz hervorragend als vorübergehendes Gehege in der Wohnung.

pickt, bewege ich den Becher langsam auf die Box zu und stelle ihn schließlich hinein. Ist das Huhn dem Becher in die Box gefolgt, lasse ich ihn ein paar Augenblicke lang darin stehen und das Huhn nach Herzenslust daraus picken, bevor ich den Becher herausnehme. Die ersten paar Male wird das Huhn dem Becher folgen und die Box verlassen, und ich fange wieder von vorn an. Dabei muss das Huhn der Box jedes Mal etwas näher kommen, bevor ich ihm den Becher hinhalte. Anfangs wird es schon dafür belohnt, dass es sich in die Nähe der Box wagt. Nachdem es die Box schon ein paarmal betreten hat, bekommt es nur dann etwas, wenn es in der Boxöffnung steht, und später dann erst, wenn es dem Messbecher in die Box gefolgt ist.

Sam war stets eine sehr stolze Henne.

Das Ziel besteht darin, dem Huhn begreiflich zu machen, dass es in der Box sein muss, um die Belohnung zu erhalten. Wenn das Huhn nun erst einmal daran gewöhnt ist, aus dem Becher picken zu dürfen, kann man damit beginnen, es auf einen Tisch zu setzen. Der Unterschied zwischen der Box und dem Tisch besteht darin, dass es sich in der Box ziemlich sicher fühlt. Steht es dagegen auf dem Tisch, befindet es sich ungeschützt im Freien und wäre damit seinem Verständnis nach Raubtieren ausgesetzt. Das Gefühl, ungeschützt zu sein, lenkt es ab, sodass es sich anfangs nicht sehr für die Körner und Brösel im Messbecher interessieren wird. Nun darf man aber nicht vergessen, dass man dem Huhn ja eigentlich Tricks oder bestimmte Verhaltensweisen beibringen will und man selbst die Kontrolle darüber hat, ob ihm Futter zur Verfügung steht oder nicht. Deshalb empfiehlt es sich, mit einer Trainingseinheit

zu einem Zeitpunkt zu beginnen, an dem das Huhn kurze Zeit nichts mehr gefressen hat. Meiner Erfahrung nach kann man auch ein Huhn, das relativ wenig an Menschen gewöhnt ist, innerhalb weniger Tage dazu bringen, Verhaltensweisen zu lernen und dafür positive Verstärkung zu erwarten. Hühner lernen extrem schnell. Jede Lektion, die mehrere Male hintereinander eingeübt wurde, wird sitzen.

Gewöhnung an die Box – Schritt für Schritt

Schritt 1

Der – idealerweise taillenhohe –Tisch steht bereit. Schieben Sie ihn an die Wand oder bitten Sie eine zweite Person, sich an die Ihnen gegenüberliegende Tischseite zu stellen und aufzupassen, dass das Huhn nicht herunterfällt oder wegfliegt. Stellen Sie die Box auf den Tisch und setzen Sie auch das Huhn darauf ab.

Schritt 2

Bieten Sie dem Huhn Leckereien aus dem Messbecher an. Sobald es willig daraus pickt, bewegen Sie den Becher langsam auf die Box zu und schließlich in die Box hinein (Locken). Sobald das Huhn in der Box ist, lassen Sie es mehrmals hintereinander aus dem Becher picken.

Damit das Huhn lernen und Ablenkungen ignorieren kann, muss es sich auf dem Trainingstisch wohlfühlen.

Locken

Locken ist etwas anderes als Clickern und Belohnen, nämlich so etwas wie ein Versprechen: „Folge diesem Leckerlibehälter, und wenn du ihm nahe genug kommst, darfst du daraus fressen." Locken ist eine der Methoden, die für das Hühnertraining geeignet sind.

Schritt 3

Setzen Sie erneut Huhn und Box auf den Tisch und locken Sie abermals das Huhn mithilfe des Messbechers in die Box. Lassen Sie es mehrmals aus dem Becher picken.

Schritt 4

Stellen Sie den Messbecher mit den Leckereien jetzt in die unmittelbare Nähe der Box, sodass das Huhn selbstständig dorthin geht, ohne vorher von Ihnen langsam hingelockt worden zu sein. Wenn das nicht funktioniert, zeigen Sie ihm wieder den Messbecher, lassen es einmal picken und stellen den Becher sodann neben die Boxentür – bei einem heranwachsenden oder erwachsenen Huhn sollte diese nur etwa 25 bis 30 Zentimeter vom Huhn entfernt sein. Für ein Küken wäre diese Strecke allerdings zu lang, deshalb sollte es in größerer Nähe zur Box auf den Tisch gesetzt werden.

Schritt 5

Beginnen Sie die Trainingseinheit damit, dass Sie Huhn und Box an den entgegengesetzten Tischenden absetzen. Stellen Sie den Messbecher ein paar Zentimeter weit in die Box, damit das Huhn nun den ganzen Tisch überqueren muss, um an die Leckerbissen zu kommen. Sobald sein Kopf in der Box ist und es aus dem Becher pickt, veranlassen Sie es mittels Locken, sich umzudrehen, bis es mit dem ganzen Körper in der Box steht, mit dem Kopf in Richtung Becher. Lassen Sie es nun mehrmals hintereinander picken, denn es hat seine Sache gut gemacht.

Schritt 6

Stellen Sie Huhn und Box wieder nahe der entgegengesetzten Tischenden ab und den Becher in die Box. Das Huhn sollte jetzt ohne zu zögern zur Box laufen und hineingehen, um an die leckeren Sachen zu kommen. Belohnen Sie es aber jetzt noch nicht, sondern locken Sie es tiefer in die Box hinein, bis es mit dem ganzen

Körper darin steht und zur Tür schaut. Halten Sie ihm erst jetzt den Becher hin. Diesen Schritt werden Sie vermutlich mehrmals wiederholen müssen, doch das Huhn lernt rasch, dass es, wenn Sie es zusammen mit der Box auf den Tisch setzen, zur Box laufen, sie betreten, ganz hineingehen und den Kopf zur Tür drehen soll. Sobald es das alles getan hat, halten Sie ihm schnell den Becher hin und lassen es mehrmals daraus picken.

Schritt 7

Setzen Sie wieder Huhn und Box an den gegenüberliegenden Enden des Tisches ab. Das Huhn sollte jetzt prompt zur Box laufen, sie betreten, ganz hineingehen, den Kopf zur Tür drehen und auf seine Belohnung warten. Lassen Sie es nun schnell picken, ziehen Sie den Becher dann zurück und bieten ihn dem Huhn gleich darauf wieder an. Sie belohnen also und nehmen den Becher gleich darauf in einer flüssigen Bewegung wieder weg, um ihn sofort wieder dem Huhn hinzuhalten. Das alles muss superschnell geschehen, damit die Leckerbissen erneut in der Reichweite des Huhns sind, bevor es auch nur darüber nachdenken kann, die Box wieder zu verlassen. Hühner sind überraschend intelligent, und wenn Ihr Huhn meint, dass es für das – auch nur einen Sekundenbruchteil dauernde – Stillstehen in der Box keine Belohnung erhält, wird es sofort etwas anderes ausprobieren. Sie wollen jedoch, dass es begreift, dass es für das Verbleiben in der Box belohnt wird.

Wiederholen Sie diese Übung mit dem sehr schnellen Anbieten und Wegziehen des Leckerlibechers sechs- bis zehnmal. Danach wird eine Pause eingelegt. Meine Trainingseinheiten dauern jeweils nur zwei bis fünf Minuten; mit jüngeren Hühnern trainiere ich noch kürzer. Wenn ich mit einem Huhn länger arbeiten würde, verlöre es das Interesse. Außerdem will ich, dass meine Hühner Lust auf mehr bekommen, sodass sie bei Beginn der folgenden Trainingseinheit darauf eingestellt sind, Abwechslung und Belohnung zu erwarten.

Denken Sie daran, dass diese Übung des Anbietens und Wegziehens des belohnenden Bechers den Sinn hat, dass das Huhn lernt, länger in der Box zu bleiben, ohne dafür belohnt zu werden. Deshalb sollten Sie folgendermaßen vorgehen:

- Belohnen – zurückziehen – belohnen – nach einer halben Sekunde zurückziehen
- Belohnen – zurückziehen – belohnen – nach einer Sekunde zurückziehen
- Belohnen – zurückziehen – belohnen – nach zwei Sekunden zurückziehen
- Belohnen – zurückziehen – belohnen – nach drei Sekunden zurückziehen
- Belohnen – zurückziehen – belohnen – nach vier Sekunden zurückziehen
- Belohnen – zurückziehen – belohnen – nach fünf Sekunden zurückziehen
- Belohnen – zurückziehen – belohnen – nach sechs Sekunden zurückziehen

Und so weiter. Irgendwann wird das Huhn gelernt haben, selbstständig zur Box hinüberzugehen, sobald diese vor es hingestellt wird, und darin geduldig auf eine Belohnung zu warten.

Wenn man die Tür der Box schließt, wirkt das darin befindliche Huhn gewöhnlich zufrieden; die Box scheint eine beruhigende Wirkung zu haben. Nur einigen meiner dominanten Hennen und meinen Hähnen passt es nicht, eingeschlossen zu werden. Vielleicht liegt das an ihrem Pflichtbewusstsein, weil sie meinen, dass sie jetzt draußen auf dem Hof sein und ihren Job machen sollten. Solange man sie nicht allzu lange einsperrt, scheinen es Hühner zu genießen, nur dasitzen zu können und nichts tun zu müssen.

Gewöhnung an die Umwelt

Sobald sich meine Hühner in den Boxen wohlfühlen, beginne ich sie an unterschiedlichste Situationen in ihrer Umgebung zu gewöhnen. Hier einige Beispiele:

- Wechsel von Licht und Dunkelheit durch Ein- und Ausschalten des Lichts (etwas, das auf dem Hof oder im Stall nie passiert).
- Haushaltsgeräusche wie Türenschlagen, Stimmen, laute Schritte, Türklingel usw.
- Mitsamt der Box hochgehoben und über kurze Entfernungen getragen werden. Das muss dem Huhn ziemlich wackelig und anfangs auch beängstigend vorkommen. Doch es kann sich daran gewöhnen. Ich hatte sogar schon Hühner, die einschliefen, während ich sie herumtrug.

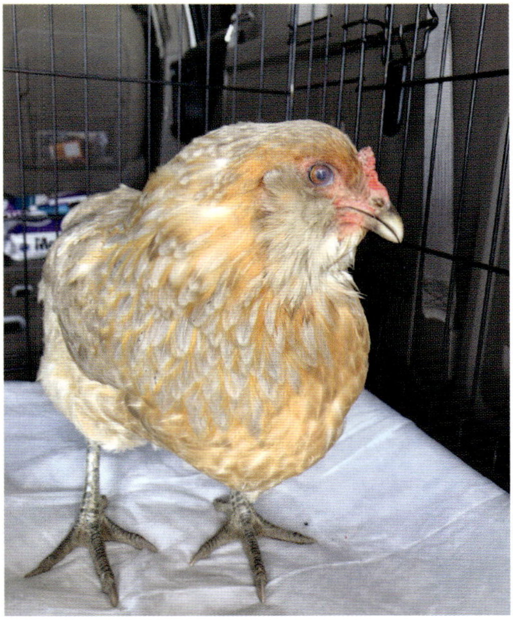

Eine Decke oder ein Haustierkissen dienen in der Box als weiches „Nestchen“. Sie erleichtern es dem Huhn, sich wohlzufühlen.

Rückkehr zu den anderen

Wenn man ein Huhn für mehrere Tage aus seiner Gruppe genommen hat (z. B. wegen Krankheit), kann es sein, dass es sich seinen Platz in der Hackordnung zurückerobern muss. Möglicherweise hat sich in dieser Hackordnung in seiner Abwesenheit einiges verändert, und es ist zu einem Außenseiter geworden. Ich habe die Erfahrung gemacht, dass dieser Außenseiterstatus normalerweise weniger als einen Tag lang andauert und dass danach alles so wie vorher ist. Hühner kennen nicht nur eine soziale Hierarchie, sondern sie haben auch Freundinnen sowie Beziehungen zu anderen Hühnern. Ich beobachte gern Tiere und finde es sehr unterhaltsam, meinen Hühnern bei ihrem täglichen Treiben zuzuschauen. Manchmal können sie sehr zärtlich zueinander sein, manchmal aber auch unglaublich gemein!

- Temperaturveränderungen, wie sie auftreten, wenn man vom Haus in die Garage oder vom Auto in ein Gebäude geht. Bitte unbedingt beachten: Seien Sie rücksichtsvoll und setzen Sie Ihre Hühner nicht Temperaturveränderungen aus, die ihre Gesundheit gefährden könnten. So würde ich meine Hühner z. B. nicht mitten im kalten Winter für ein paar Tage ins Haus holen, wo es ihnen viel zu warm wäre, und sie dann wieder in die Kälte zurückbringen. Gleiches gilt für klimaanlagengekühlte Räume im Sommer.
- Fressen und trinken in der Box. Ich gebe Futter und Wasser in Behältern, die sich gut in die Gittertür einhängen lassen, damit ihr Inhalt nicht so leicht verschüttet werden kann.
- Hände, die in die Box eindringen. Wenn Sie mit Ihrem Huhn das Betreten und Verlassen der Box üben, müssen Sie gelegentlich in die Box hineingreifen und das Huhn herausholen. Es wird sich darüber weniger aufregen, wenn Sie es schrittweise daran gewöhnt haben.
- Andere Menschen außer Ihnen sehen und hören, oder auch nur hören, wie Sie mit Menschen reden. Vielleicht überrascht es Sie zu erfahren, dass mich meine Hühner selten reden hören, weil ich während des Trainings tatsächlich kaum mit ihnen spreche.
- Ein friedlicher Hund. Falls Sie einen ruhigen, gelassenen Hund besitzen, können Sie ihn an der Box des Huhns schnuppern lassen. Einen unbekannten Hund würde ich dagegen nicht in die Nähe meiner Hühner bringen, denn ich weiß nicht, wie er reagiert. Die Hühner müssen zu mir das Vertrauen haben können, dass ich nicht zulasse, dass ihnen etwas geschieht. Bitte beachten Sie: Hühner sind sehr wohl in der Lage, während des Trainings nicht auf Ablenkungen zu reagieren. Dennoch sollten Sie Ihre Hühner nicht genau dann trainieren, wenn Ihr Hund unter dem Trainingstisch herumspaziert – es sei denn, das Huhn ist gut an den Hund gewöhnt und fühlt sich in seiner Nähe wohl.

Aufmerksamkeitstraining

Vor Trainingsbeginn vergewissere ich mich, dass ich die ungeteilte Aufmerksamkeit meines Huhns habe. Dadurch begreift es leichter, dass wir nun arbeiten werden. Um dieses Ziel zu erreichen, belohne ich angebotene Aufmerksamkeit. Es ist vollkommen unmöglich, ein Huhn zur Aufmerksamkeit zu zwingen, doch kann man angebotene Aufmerksamkeit verstärken. Der Anfang kann ein Blick in meine Richtung sein; wenn ich darauf aufbaue, wird das Huhn beginnen, mich zu beobachten. Außerdem eignet sich dieses Belohnen von Aufmerksamkeit gut als Einstieg in die Trainingseinheit – das Huhn merkt, dass man attraktive Leckerbissen bereithält.

Stellen Sie das Huhn auf den Tisch und halten Sie den Leckerlibecher sowie den Clicker bereit. Auch hier müssen Sie schnell sein! Clicken und belohnen Sie jedes Mal, wenn das Huhn in Ihre Richtung blickt. Falls es schnell kapiert, bleibt es vielleicht einfach stehen und schaut Sie an. Sofort clicken und belohnen! Haben Sie den Eindruck, dass es Sie danach einfach weiter anstarrt, machen Sie am Tisch entlang einen oder zwei Schritte, sodass es Körper oder Kopf umdrehen muss. In dem Sekundenbruchteil, in dem es das tut, clicken und belohnen Sie wieder. Wenn das immer besser klappt, fügen Sie kleine Ablenkungen ein, indem Sie z. B. eine Hand seitwärts bewegen und dann eine Sekunde lang warten, ob das Huhn nach der Hand wieder Sie anschaut. In dem Sekundenbruchteil, in dem es das tut, clicken und belohnen Sie. Schrittweise bauen Sie stärkere Ablenkungen ein: Sie klopfen mit der freien Hand leicht auf die Tischplatte. Klopfen Sie nur einmal, denn es soll ja für das Huhn eine leichte und keine überwältigende Ablenkung sein. Warten Sie, bis das Huhn Sie wieder anschaut, dann clicken und belohnen Sie. Auch eine am Tischende still stehende Person kann als Ablenkung dienen. Sobald sich das Huhn wieder auf Sie konzentriert, bitten Sie die Person, sich zu bewegen.

Falls das Huhn durch die Ablenkung die Konzentration verliert, müssen Sie im Training einige Schritte zurückgehen, zu einer geringeren Ablenkung und einer Situation, in der das Huhn noch begriffen hatte, dass es Sie anschauen sollte. Dann machen Sie weiter, bis Sie den vorherigen Trainingsstand wieder erreicht haben. Ziel der Übung ist nicht, das Huhn aus dem Konzept zu bringen, sondern ihm begreiflich zu machen, dass es sich immer auf Sie konzentrieren soll, auch wenn es ringsherum Ablenkungen gibt.

Sobald das Huhn gut darin ist, Aufmerksamkeit anzubieten, genügt es, diesen Trainingsabschnitt kurz zu halten.

Raffinierte Tricks mit Hühnern

Nun sind Sie so weit, und das Training kann losgehen! Ihr Huhn hat sich bereits an den Clicker gewöhnt, es fühlt sich auf dem Tisch wohl, und Sie haben mit ihm Aufmerksamkeitstraining durchgeführt. Jetzt kommt endlich der spaßige Teil!

Trick: Auf den Punkt picken

Dies ist das erste Kunststück, das ich meinen Hühnern beibringe. Im Prinzip besteht es darin, dass man ein natürliches Verhalten belohnt, bis es abrufbar wird. Picken ist ein Grundelement des natürlichen Verhaltensrepertoires von Hühnern. Sie picken so ziemlich alles an, ganz gleich, ob das Körner, Steinchen, Insekten oder die Sommersprossen auf meinem Handrücken sind, um zu prüfen, ob es fressbar ist. Deshalb ist das Picken auf Kommando ein guter Einstieg.

Unser Kunststück besteht darin, dass das Huhn auf einen bestimmten Punkt auf einem Pappteller pickt. Deshalb malen Sie als Erstes in die Mitte eines kleinen Papptellers einen Punkt mit etwa einem Zentimeter Durchmesser.

Stellen Sie das Huhn auf den Tisch. Weil Sie es hier bereits ans Clickern gewöhnt und mit ihm Aufmerksamkeitstraining absolviert haben, fühlt es sich auf dem Tisch wohl. Schieben Sie den

Pappteller behutsam auf das Huhn zu. Weil Hühner sehr neugierig sind, wird es sich ihn vermutlich näher anschauen wollen. Genau in dem Sekundenbruchteil, in dem es zum Teller schaut, clicken und belohnen Sie. So erzielen Sie das erwünschte Verhalten mittels Shaping. Überlegen Sie, was das Huhn tun muss, um auf den Punkt zu picken, und was Sie unternehmen müssen, damit es begreift, dass dieses Picken auf den Punkt genau das ist, was Sie wollen. Welcher ist der erste Schritt, den das Huhn machen muss? Richtig, es muss den Punkt anschauen.

Genau in der Zehntelsekunde, in der es das tut, clicken und belohnen Sie. Falls es gleich wieder auf den Punkt schaut, clicken und belohnen Sie abermals. Wiederholen Sie das drei- bis viermal hintereinander. Danach sollte das Huhn verstanden haben, dass es dafür belohnt wird, wenn es zu dem Punkt blickt.

Achten Sie darauf, dass das Huhn mittels dieser operanten Konditionierung in mindestens 80 Prozent der Fälle das gewünschte Verhalten zeigt, bevor Sie den nächsten Schritt wagen. Dann können Sie davon ausgehen, dass es weiß, warum es belohnt wird. Allerdings darf man nicht auf dieser Stufe stehen bleiben, sondern muss irgendwann aufhören, für den Blick auf den Punkt zu clicken und zu belohnen. Wenn die Belohnung für das eingeübte Verhalten wegbleibt, wird das Huhn andere Verhaltensweisen ausprobieren, in der Hoffnung, dass ihm diese das ersehnte Häppchen einbringen. Es könnte z. B. anstelle des Punkts Sie anschauen oder sich von dem Pappteller entfernen. Vielleicht bleibt es auch einfach stehen und lässt etwas fallen. Oder aber es schaut den Punkt an und senkt seinen Kopf zu ihm herunter. Und genau in diesem Augenblick müssen Sie clicken und belohnen.

Bei diesem Schritt kommt es wirklich darauf an, dass Sie schnell reagieren, denn Hühner bewegen ihre Köpfe blitzartig – Ihr Timing muss also unbedingt stimmen. Clicken und belohnen Sie, sobald das Huhn seinen Kopf in die richtige Richtung bewegt, aber noch bevor der Kopf ganz unten ist und der Schnabel den Punkt berührt. Denn Sie müssen das Verhalten in genau dem Moment einfangen, in dem es stattfindet, und nicht, nachdem es passiert ist. Wenn Sie z. B. in dem präzisen Augenblick clicken, erklingt der Clicklaut vielleicht eine Millisekunde, nachdem das Huhn auf den Punkt gepickt hat, und es könnte meinen, dass es die Belohnung dafür erhält, dass es den Kopf vom Punkt weggehoben hat. Ja, Hühner sind tatsächlich so unglaublich schnell!

Die erste Phase beim Erlernen des Tricks, auf den Punkt zu picken, bestand einfach nur darin, den Punkt anzuschauen. Sie haben geclickt und das Huhn belohnt. Die zweite Phase besteht

Hungrige Hühner

Hühner fressen am liebsten hier ein bisschen was und da ein bisschen was – und das den ganzen Tag lang. Achten Sie darauf, dass Ihr Huhn nicht zu satt ist, wenn Sie mit dem Training beginnen, denn dann wäre es an den Belohnungen nicht interessiert. Es muss richtig Appetit auf die feinen Häppchen haben, dann stellen sich die besten Erfolge ein.

darin, dass das Huhn den Kopf auf den Punkt zu bewegt, und auch dafür haben Sie geclickt und das Huhn belohnt. Sobald nun das Huhn zwei- bis dreimal hintereinander den Kopf in Richtung Punkt gesenkt hat, hören Sie wieder auf, zu clicken und zu belohnen. Sicherlich ahnen Sie jetzt schon, warum.

Vermutlich schaut Sie das Huhn nun verblüfft an. Der Witz am Shaping ist, dass man dem Tier Gelegenheit bietet, darüber nachzudenken, was es als Nächstes tun soll. Und weil Sie ein Huhn trainieren, ist dies vielleicht auch der geeignete Moment, um diese Trainingseinheit zu beenden.

Bei meiner Arbeit mit Hühnern trainiere ich sie gern so lang, bis sie glauben, etwas begriffen zu haben, und höre genau dann auf. Anschließend darf das Huhn in seine Box und sich ein wenig erholen. Wenn ich es etwas später für die nächste Trainingseinheit heraushole, denkt es mit Sicherheit: „Daran kann ich mich erinnern!" und freut sich auf die bevorstehende Arbeit. Wenn Sie mit Ihrem Huhn also mehrere Schritte jenes Shaping-Prozesses trainiert haben, an dessen Ende es auf den Punkt auf dem Teller pickt, entlassen Sie das Huhn am besten in seine Box, wo es über das Erlebte und Gelernte nachdenken kann. Nach einer Weile holen Sie es wieder heraus und zeigen ihm den Teller mit dem Punkt in der Mitte. Sie können ruhig wieder ganz am Anfang beginnen, doch sollten die Fortschritte dieses Mal schneller erreicht werden, und noch schneller dann beim dritten Mal. Wenn das Huhn in der letzten Einheit also beinahe den Punkt angepickt hatte, sollte es jetzt bereits am Anfang der Einheit den Punkt tatsächlich anpicken. In den darauf folgenden Trainingseinheiten sollte das Huhn dann sofort zu dem Punkt gehen und ihn anpicken, weil es zu begreifen begonnen hat, dass es genau für das Picken auf den Punkt seine Belohnung erhält.

Nachdem das Huhn mehrmals hintereinander den Punkt angepickt hat, beginnen Sie mit dem Proofing: Sie sorgen also für Ablenkung, während das Huhn das Verhalten zeigen soll. Das wird keine Probleme bereiten, denn wenn ein Huhn einmal etwas begriffen hat, sitzt das auch. Anstatt den Teller an einem Ort liegen zu lassen, verändern Sie seine Position. Lassen Sie das Huhn auf den Punkt picken und verschieben Sie den Teller daraufhin einige Zentimeter weit nach links. Lassen Sie das Huhn wieder picken und legen Sie den Teller einige Zentimeter weit nach rechts. Lassen Sie das Huhn abermals picken. Danach platzieren Sie den Teller so, dass das Huhn sich umdrehen und ein paar Schritte zum Teller hingehen muss, um den Punkt zu erreichen. Nehmen Sie den Teller in die Hand. Halten Sie ihn senkrecht. Halten Sie ihn so, dass er auf einer Höhe mit den Augen des Huhns ist. Sobald das Huhn das Anpicken des Punkts beherrscht, können Sie den Teller sogar so hoch halten, dass es hochspringen muss, um ihn anzupicken.

Bravo, Sie haben es geschafft! Jetzt sind Sie und Ihr Huhn bereit für das nächste Kunststück.

Pausen einlegen!

Immer wenn ich beim Training mit einem meiner Hühner einen Durchbruch erlebe, gönne ich ihm danach eine kurze Pause. Sie könnten das Huhn auf den Schoß nehmen und ein Weilchen kraulen. Oder wenn es das nicht mag, darf es einfach in seine Box, damit es sich eine Zeit lang ausruhen und einfach nur Huhn sein kann.

Trick: Targettraining

Meiner Meinung nach ist Targettraining eine sehr sinnvolle Trainingsmethode für Hühner. Ein nach dieser Methode ausgebildetes Huhn kann überallhin geführt werden. Man kann mit ihm spazieren gehen, es auch zu anderen Tageszeiten als der Abenddämmerung in seinen Stall schicken, es in seine Box führen und sogar kleine Hindernis-Parcours absolvieren lassen. Die Möglichkeiten, die sich nach erfolgreich abgeschlossenem Targettraining bieten, sind schier endlos.

Um Ihnen einen Eindruck davon zu vermitteln, möchte ich Ihnen von einem Schwein namens Winnie erzählen. Als ich Mitglied des Vorstands des Gnadenhofs Heartland Farm Sanctuary war, konnte ich ein Ferkel retten. Es war von einem Viehtransporter gefallen und von jemandem zum Gnadenhof gebracht worden. Meine Freundin Stephanie, die ebenfalls ehrenamtlich für Heartland arbeitete, erzählte mir von Winnie und fragte, ob ich ein bisschen mit dem Ferkelmädchen trainieren könnte. Begeistert sagte ich zu. Damals hielt ich noch keine Hängebauchschweine und hatte deshalb keinerlei Erfahrung mit Schweinen. Die Leute von Heartland hatten vor, Winnie zu einer Botschafterin des Gnadenhofs zu machen. Sie würde also viel herumkommen und immer wieder neue Menschen sehen – sie sollte auf positive Interaktion mit ihnen vorbereitet werden.

Als wir begannen, mit Winnie zu arbeiten, war sie nur so groß wie ein kleiner Hund, doch war uns klar, dass sie in sehr kurzer Zeit ein (mindestens!) 250 Kilogramm schweres Landschwein sein würde. Und solche Schweine denken immer nur ans Fressen. Wenn sie mal nicht fressen, schlafen sie gerade oder wühlen im Boden. Am wichtigsten war es uns, Winnie gute Manieren

Winnie beim Training – zu Beginn der Ausbildung (links) und im Alter von fünf Monaten (rechts).

beizubringen, denn ständig würden ehrenamtliche Helfer des Gnadenhofs in Winnies Stall kommen, und viele von ihnen würden Kinder sein. Winnie sollte begreifen, dass, wann immer die Stalltür aufging, Futter zu ihr unterwegs war. Aber sie sollte die Leute, die zu ihr kamen, nicht über den Haufen rennen, um ins Freie zu gelangen. Zufällig stand der Tisch für die Futterbereitung genau gegenüber von ihrem Stall. Winnie musste also ein Mindestmaß an Impulskontrolle erlernen, damit die Leute ungefährdet den Stall betreten, zu ihr kommen und sie streicheln, füttern, untersuchen oder eventuell sogar massieren konnten.

Aber kann man einem Schwein überhaupt Impulskontrolle beibringen? Wir wussten bereits, dass Schweinen Selbstbeherrschung besonders schwerfällt, und so befürchteten wir, dass es schwierig sein würde, mit ihr das Kommando „Bleib!" einzuüben. Aus diesem Grund beschlossen wir, sie stattdessen mittels Targettraining dazu zu bringen, in ihrem Stall zu bleiben, wenn ihn jemand betrat. Anstatt dass wir also versuchten, sie dazu zu erziehen, still zu stehen, gaben wir ihr eine Aufgabe. Wir brachten ihr bei, dass sie Menschen dazu veranlassen konnte, ihren Stall zu betreten, indem sie sich von dessen Tür entfernte.

Wir nagelten eine leuchtend orangefarbene Frisbeescheibe auf Schnauzenhöhe an die der Tür gegenüberliegende Wand und brachten Winnie mittels Shaping bei, dass sich ein in den Stall kommender Mensch ihr nur näherte, wenn sie das Target (die Frisbeescheibe) berührte. Nun konnten Pfleger und Tierärzte sie gefahrlos besuchen, denn sobald diese sich der Tür näherten, ging Winnie zu ihrem Target. Auf diese Weise hatten die Besucher auch genügend Zeit, die Stalltür wieder sorgfältig zu verschließen, bevor Winnie durch die Tür nach draußen sausen konnte.

Wenn ich Targettraining mit meinen Hühnern betreibe, verwende ich einen hölzernen Kochlöffel als Targetstab. Vermutlich wäre es leichter, dafür einen Finger zu nehmen, doch ich will nicht, dass meine Hühner meine Finger anpicken. Der Vorteil des Kochlöffels ist außerdem, dass man auf die flache Seite einen schwarzen Punkt malen kann, wie auf den Pappteller. So lässt sich mühelos an den Papptellertrick anknüpfen.

Um mit dem Targettraining zu beginnen, legt man den Kochlöffel so auf den Tisch, dass der schwarze Punkt auf der Löffelrückseite nach oben zu liegen kommt. Da das Huhn bereits weiß, dass es auf den Punkt auf dem Pappteller picken soll, wird es bald den Punkt auf dem Löffel anpicken. Sobald es ein- oder zweimal diesen Punkt angepickt hat und Sie geclickt und belohnt haben, nehmen Sie den Löffel in die Hand und bewegen ihn langsam über die Tischplatte, jedes Mal nur wenige Zentimeter weit. Bewegen Sie ihn nach links, nach rechts, nach oben, nach unten, und dann auch so, dass sich das Huhn tief hinunterbeugen oder sogar ein paar Schritte rückwärts gehen muss, um den Punkt zu erreichen.

Die Übung lässt sich so ausbauen, dass Sie Ihr Huhn über einen Hindernis-Parcours schicken. Mittels Targettraining können Sie ihm sogar beibringen zu kommen, wenn es gerufen wird. Wenn zwischen Ihnen und dem Huhn ein gewisser Abstand ist und Sie ihm das Target (Punkt auf dem Löffel) zeigen, wird es angerannt kommen, um es anzupicken – auf diese Weise kommt Ihr Huhn, wenn Sie es rufen!

Sprinkles nähert sich dem Target und folgt ihm sodann mit dem Kopf.

So transportieren Sie Ihr Huhn

Einem Tier, das noch nie zuvor in einem Auto mitgenommen wurde, kann eine Fahrt ziemlich angsteinflößend vorkommen: Der Boden unter ihm bewegt sich, in den Kurven wird es hin- und hergeschoben, die Schlaglöcher bringen alles zum Erbeben ... Ganz zu schweigen von den Stimmen und Melodien, die aus dem Radio kommen, und der Heizung oder Klimaanlage. Wenn Sie also Ihr Huhn im Auto mitnehmen wollen, sollten Sie einige Vorkehrungen treffen.

Ich transportiere meine Hühner stets in Boxen. Sie sind darin sicher untergebracht, und ich muss mir nicht Sorgen machen, dass hinterher alles voller Hühnermist ist. Am besten gewöhnen Sie Ihr Huhn in kleinen Schritten ans Autofahren. So gehen Sie dabei vor:

Tag 1: Tragen Sie das Huhn in seiner Box ins Auto, der Motor ist aus. Stellen Sie die Box einfach nur hinein, lassen Sie die Tür offen und setzen Sie sich ein paar Minuten lang neben Ihr Huhn. Sprechen Sie mit ihm. Vielleicht gibt es zunächst besorgte Laute von sich. Sobald es sich wieder beruhigt hat, holen Sie es aus dem Auto und bringen es zu seinen Kumpels zurück.

Tag 2: Tragen Sie Ihr Huhn in seiner Box ins Auto und setzen Sie sich wieder ein paar Minuten lang dazu. Wenn das Huhn ruhig wirkt, starten Sie den Motor, aber fahren Sie nicht los. Das Huhn wird den unbekannten Geruch sowie die Geräusche und Vibrationen wahrnehmen. Machen Sie den Motor zügig wieder aus und bringen Sie das Huhn dann nach Hause zurück.

Tag 3: Tragen Sie das Huhn (ja, natürlich wieder in seiner Box) ins Auto. Starten Sie kurz den Motor, sodass es Temperatur, Vibrationen und Geräusche wahrnimmt. Schalten Sie dieses Mal auch das Radio ein und vergessen Sie nicht, mit Ihrem Huhn zu sprechen. Wenn ich mit meinen Tieren arbeite, bin ich gewöhnlich mit ihnen allein und rede nicht so viel mit ihnen, denn ich konzentriere mich auf sie, auf mein Timing usw. Deswegen muss ich mich selbst daran erinnern, dass ich reden soll. Wenn ich unterwegs zu Seminaren und ähnlichen Events mit den Hühnern bin und während der Fahrt mit ihnen rede, gewöhnen sie sich an meine Stimme.

Tag 4: Tragen Sie das Huhn in seiner Box ins Auto und fahren Sie eine kleine Runde. Die Bewegungen des fahrenden Autos fühlen sich anders an als die des stehenden. Nachdem Sie eine Weile unterwegs sind, wird es sich daran gewöhnt haben, im Auto zu sein. Jetzt sind Sie und Ihr Huhn bereit für den ersten Auftritt!

Viele Tierpfleger im Zoo betreiben mit den Tieren Targettraining – mit Eisbären, Robben, Dachsen und vielen anderen. Ich finde es gut, dass sie ihren Schützlingen auf diese Weise Gelegenheit geben, geistig aktiv zu sein. Die Trainingszeiten sind oft ausgehängt, sodass Zoobesucher zuschauen und Fragen stellen können. Ich finde es wichtig, der Öffentlichkeit begreiflich zu machen, dass Zootiere intelligente Lebewesen sind, die regelmäßig gefordert werden sollten.

Seien Sie bei Ihrem Targettraining kreativ – es gibt so unglaublich viele Möglichkeiten! Zeigen Sie mit dem Targetstab auf Dinge, damit das Huhn sie anpickt. Stellen Sie kleine Tore auf und legen Sie einen kleinen Ball auf den Tisch. Lassen Sie das Huhn den Ball anpicken und auf diese Weise „Schnabelball" spielen. Oder bringen Sie es dazu, eine kleine Tür anzupicken, sodass sie aufgeht. Gegebenenfalls veranlassen Sie es mittels Shaping, dabei fester zuzupicken. Sie können Ihrem Huhn mit dem Targetstab beibringen, in die Luft zu springen und auf Ihrem Arm zu landen oder auf einer bestimmten Sitzstange im Hühnerstall oder einer Schaukel im Garten.

Ich kenne Hühnerhalter, die beim Targettraining mit ihren Hühnern Laserpointer verwenden. Probieren Sie es aus und bringen Sie Ihrem Huhn bei, auf den Laserpunkt zu picken, dem Punkt zu folgen oder Gegenstände anzupicken, auf denen es den Laserpunkt sieht – etwa die Tasten eines Spielzeugklaviers. Sie könnten Ihrem Huhn Klavierspielen beibringen, einfach indem Sie mit dem Laserpointer auf die Tasten zeigen, auf die es picken soll.

Trick: Bist du ein Huhn?

Dies ist einer der coolsten Tricks, die man dem Huhn beibringen kann; er zeigt den Zuschauern, dass Hühner tatsächlich schlau sind. Ein Grund dafür, warum ich so gern mit Hühnern trainiere, ist, dass ich zeigen will, wie toll Hühner sind. Viele denken, Hühner hätten nur „Spatzenhirne", und haben eine schlechtere Meinung von ihnen als von den als intelligent angesehenen Hunden. Wenn sie wüssten, wie clever Hühner sind, würden sie sich stärker für diese Vögel einsetzen.

Wenn wir in einer Fernsehsendung auftreten, lasse ich meine Hühner gern den Trick „Bist du ein Huhn?" vorführen, der das Publikum jedes Mal in Erstaunen versetzt. Für dieses Kunststück besorgte ich mir in einem Spielzeugladen ein

Wenn Ihre Henne das Huhn auswählt, werden alle sie für ein Genie halten.

Mit dem Daumen auf dem Clicker warte ich darauf, dass das Huhn das Bild anpickt.

Holzpuzzle für Kleinkinder mit Bauernhoftieren: Kuh, Schwein, Pferd, Gans, Schaf und Huhn. Bei der Vorführung verteile ich alle Tiere über die Tischplatte und frage das Huhn: „Bist du ein Huhn?“, woraufhin es das Holzhuhn anpickt. Die Zuschauer sind begeistert, weil sie glauben, dass das Huhn weiß, dass es ein Huhn ist.

Da Sie inzwischen einiges darüber wissen, wie Hühner lernen, können Sie sich schon denken, dass dieser Trick das Ergebnis eines Lernprozesses ist. Das Huhn weiß: Wenn das Stück Holz mit dem Hühnerbild auf dem Tisch liegt, soll es dieses Stück anpicken.

Um das Kunststück einzuüben, legt man zunächst nur das Puzzleteil mit dem Hühnerbild auf den Tisch und trainiert das Huhn so wie beim Picken auf den Punkt auf dem Teller. Sobald das Huhn dieses Teil nur anschaut, müssen Sie sofort clicken und belohnen. Schaut es das Teil wieder an, schnell erneut clicken und belohnen. Wenn es seinen Kopf darauf zubewegt: clicken und belohnen. Falls sich das Huhn von dem Teil entfernt, nicht clicken und belohnen. Verhalten Sie sich dabei möglichst reglos und still, um das Huhn nicht unabsichtlich für ein Verhalten zu belohnen, das in diesem Moment unerwünscht ist. Ebenfalls dürfen Sie es nicht auf das hinweisen, was Sie von ihm erwarten. Selbst ein leichtes Absenken der Hüfte in Richtung auf das Puzzleteil hin könnte dem Huhn als Hinweis dienen. Ihr Huhn muss von selbst begreifen, was es tun soll.

Eigentlich sollte es ziemlich schnell darauf kommen und das Teil anpicken, denn es weiß ja bereits, dass es Dinge anpicken soll, die Sie auf den Tisch legen. Sobald das Huhn verstanden hat, was von ihm erwartet wird, und das Puzzleteil mehrmals angepickt hat, können Sie ein weiteres Teil auf den Tisch legen, aber eines, das sich von dem „Huhnteil“ visuell stark unterscheidet. Mein Puzzlehuhn ist schwarz, mit viel Rot am Kopf. Seine Beine und sein Schnabel sind orangefarben, und an der Seite hat es viele weiße Punkte. Deshalb wähle ich als zweites Teil die Gans. Sie ist ganz weiß mit orangefarbenen Beinen und Schnabel, sieht also komplett anders aus als das Huhn.

Wer ist das?

Ich warte immer noch auf eine Studie, die beweist, dass Hühner ihr Spiegelbild erkennen. Ich bin mir ziemlich sicher, dass Hühner tatsächlich wissen, dass sie Hühner sind. Das würde allerdings bedeuten, dass sie ein Ich-Bewusstsein haben.

Legen Sie nun beide Puzzleteile auf den Tisch. Pickt Ihr Tier das Huhn an, clicken und belohnen Sie. Schaut es die Gans an oder pickt darauf, gibt es nichts. Stehen Sie ganz still. Ich versuche dabei sogar, möglichst wenig zu atmen oder zu blinzeln. In dem Sekundenbruchteil, in dem Ihr Huhn das Holzhuhn anschaut oder anpickt, clicken und belohnen Sie. Nach einigen Wiederholungen beginnt das Huhn zu begreifen, dass es nur auf das Holzhuhn picken soll.

Nun können Sie mit dem Proofing beginnen, indem Sie die beiden Puzzleteile auf andere Stellen der Tischplatte legen, z. B. Huhn links, Gans rechts. Verschieben Sie die Teile immer wieder neu, so wie Sie es mit dem Pappteller getan haben. Legen Sie sie so, dass z. B. das Puzzlehuhn näher bei Ihrem Huhn liegt als die Puzzlegans. Sobald Ihr Huhn das Puzzlehuhn angepickt hat, schieben Sie es weiter weg und die Puzzlegans näher zum Huhn usw.

Sobald Ihr Huhn verstanden hat, dass es in Gegenwart des Puzzlehuhns nur das Puzzlehuhn anpicken soll, wird das Hinzufügen eines dritten, vierten oder fünften Puzzleteils wesentlich einfacher. Der schwierigste Schritt in diesem Lernprozess ist der, bei dem Sie Ihr Huhn mit dem zweiten Puzzletier konfrontieren. Sobald diese Hürde überwunden ist, weiß Ihr Huhn genauer, was es zu tun hat: Gleichgültig, wie viele Puzzletiere auf dem Tisch liegen, soll es nur das Huhn anpicken, vorausgesetzt, dass es auf dem Tisch liegt. Ich finde es immer wieder faszinierend, dem Huhn dabei zuzuschauen, wie es die verschiedenen Puzzleteile auf dem Tisch betrachtet. Man sieht förmlich, wie es dabei denkt.

Wenn ich Leuten zeigen möchte, wie clever Hühner sind, wähle ich meistens dieses Kunststück aus. Mir liegt sehr daran, dass meine Hühner begreifen, dass sie dasselbe Verhalten in unterschiedlichen Kontexten zeigen dürfen. Dabei will ich allerdings nicht, dass sie sich mit den Puzzleteilen langweilen, und daher bastle ich verschiedenste Tiere aus Moosgummi: So habe ich beispielsweise auf drei Moosgummistücke mit schwarzem Filzstift die Silhouetten eines Pferds, eines Schweins und eines Huhns gezeichnet.

Trick: In die Box gehen

Es gibt viele verschiedene Möglichkeiten, einem Huhn bestimmte Verhaltenselemente anzutrainieren. Ich habe bereits geschildert, wie man dem Huhn beibringt, in seine Box zu gehen, und wie man ihm begreiflich macht, dass es sich darin geborgen fühlen kann (siehe Seite 88 ff.). Beim Locken ist der Aufwand am geringsten. Falls man sein Huhn also dazu bringen will, rasch

Meine Henne Feathers

Feathers war eine neugierige kleine Andalusierhenne. Manchmal, wenn ich sie vor eine Aufgabe stellte, die etwas kniffliger als das bisher Erlernte war, schaute sie mich auf eine ganz besondere Weise an. Sie tat es, wenn ich ein weiteres Puzzleteil auf den Tisch legte, wenn ich die Teile verschob oder wenn ich etwas ganz anderes mit ihr versuchte, das völlig neu für sie war. Sie blieb dann stehen, betrachtete zuerst den Gegenstand und drehte dann den Kopf, um mir direkt in die Augen zu blicken, als ob sie sagen wollte: „Echt jetzt?“ Ich nahm sie zu vielen Seminaren mit, und jedes Mal, wenn sie so schaute, lachten alle. Für mich war sie ein besonderes Huhn!

in seine Box zu gehen, weil man z. B. mit ihm wegfahren will, eignet sich Locken am besten. Durch Targettraining lässt sich das eingeübte Verhalten festigen. So geht das Huhn irgendwann von selbst und ohne Target in seine Box und bleibt dort auch.

Anders als Hunde suchen Hühner gewöhnlich nicht von sich aus ihre Boxen auf, doch wenn sie erst einmal drin sind, wirken sie zufrieden. Ich glaube, dass ihnen der Aufenthalt in einem kleinen überdachten Raum ein Gefühl der Sicherheit vermittelt. Solange Ihre Hühner ansonsten ein ganz normales Hühnerleben führen, wird es ihnen nichts ausmachen, immer mal wieder kurz in der Box zu sitzen.

Für das Training benötigen Sie Folgendes:

- Einen Kochlöffel aus Holz
- Einen schwarzen Filzstift oder Marker, mit dem Sie einen Punkt mit einem Zentimeter Durchmesser auf die flache Rückseite des Löffels malen
- Eine Transportbox
- Einen Behälter für die Leckerbissen (z. B. einen kleinen Messbecher mit Griff)
- Einen Clicker (ich befestige meinen gern mit Klettband am Bechergriff, damit ich zum Clicken und Belohnen nur eine Hand brauche; das erleichtert das Training sehr)
- Leckerbissen (Käsestückchen, Kokosnussbröckchen, Erdbeerscheiben, Hackfleisch – was auch immer das betreffende Huhn am liebsten mag)

Das Trainieren der Aufgabe, in die Box zu gehen, ist in mehrere Teilschritte untergliedert:

- Das Huhn geht in die Box.
- Das Huhn dreht sich darin um und schaut zur Tür.
- Das Huhn hockt sich in der Box hin.
- Das Huhn bleibt in der Box.

Für das Training verwende ich eine Transportbox, in der das Huhn stehen, sich umdrehen und hinhocken kann, jedoch nicht allzu viel Platz hat.

Nicht vergessen: Bei der operanten Konditionierung (denn nichts anderes ist das Targettraining) belohnt man die kleinsten Schritte. Erwarten Sie bitte nicht, dass Sie Ihr Huhn bereits in der allerersten Trainingseinheit dazu bringen können, schnurstracks in seine Box zu marschieren, selbst dann nichts, wenn Sie mit ihm bereits ausführliches Targettraining absolviert haben. Natürlich kann es sein, dass Ihr Huhn genau das macht, aber das wäre ein wahres Wunder. Denken Sie daran, in wirklich ganz kleinen Schritten vorzugehen. Verlieren Sie Ihr endgültiges Ziel nie aus den Augen, aber clicken und belohnen Sie bei den kleinsten Erfolgen Ihres Huhns: bei jedem Schritt, den es auf die Box zu und schließlich in sie hinein geht.

Stellen Sie die Box und Ihr Huhn auf den Tisch und halten Sie die Leckerlis und den Targetstab (Kochlöffel) bereit. Überlegen Sie, was Sie vom Huhn erwarten. Sein allererster Schritt sollte darin bestehen, den Körper der Box zuzuwenden. Setzen Sie also Ihren Targetstab ein, um den Körper des Huhns zur Box auszurichten, denn keinesfalls wird es rückwärts in die Box gehen. Auch wenn es nur den Kopf zur Box umdreht, hat es sich einen Click und die Belohnung verdient. Denken Sie daran, dass Hühner blitzschnell sind, und wenn wir ihnen nicht klar und präzise zu verstehen geben, was wir von ihnen erwarten, machen sie einfach ihr eigenes Ding und ignorieren uns. Sobald das Huhn auf dem Tisch steht, ist höchste Konzentration erforderlich!

Halten Sie den Targetstab einige Zentimeter weit vom Kopf des Huhns entfernt (falls es nicht versteht, wie es darauf reagieren soll, und sich ihm nicht zuwendet, dann nur zwei Zentimeter

Wenn Sprinkles den Punkt anschaut und sich in Bewegung setzt, um ihn anzupicken, sieht man förmlich, wie sie nachdenkt.

weit). Clicken und belohnen Sie, sobald es sich dem Target nähert oder wenn es den Punkt darauf anpickt. Lenken Sie es mit dem Targetstab so, dass es sich zur Box hin dreht. Clicken und belohnen Sie bei fast jedem Schritt, den es auf die Box zu macht.

Es könnte sein, dass Ihr Huhn vor der Schwelle zur Box stoppt. Wenn dies passiert und zum Problem wird, gehen Sie im Training am besten ein paar Schritte zurück. Versuchen Sie, die Tür der Box auszuhängen oder aber den oberen Teil abzunehmen, sodass Ihr Huhn nur in den unteren Boxenteil zu gehen braucht. Was immer Sie tun, beobachten Sie das Huhn und sein Verhalten dabei ganz genau. Empfehlenswert wäre es, ein Trainingstagebuch zu führen. Halten Sie darin nach jeder Trainingseinheit kurz fest, was Ihr Huhn getan hat und was Sie beobachtet haben. Falls es sichtlich Angst davor hat, in dieses dunkle, höhlenartige Ding hineinzugehen, sollten Sie die Box etwas weniger furchteinflößend gestalten.

Wenn es Ihnen gelungen ist, Ihr Huhn in die überdachte Box zu lenken, haben Sie ein kleines Problem: Wie können Sie ihm den Messbecher zum Picken vor den Schnabel halten, wenn Kopf und Schnabel schon in der Box sind? Dafür gibt es zwei Möglichkeiten: Wie wir bereits festgestellt haben, verrät der Click dem Huhn, dass es etwas richtig gemacht hat und nun eine Belohnung erwarten kann. Wenn Sie genau in dem Augenblick clicken, in dem Ihr Huhn über die Schwelle der Box tritt oder seinen Kopf in die Box steckt, wird es begreifen, warum es belohnt wird. Also clicken Sie, wenn es hineingeht. Daraufhin wird es wahrscheinlich den Kopf aus der

Box strecken, um sein Leckerli entgegenzunehmen – und das ist auch richtig so. Besser noch wäre es, wenn Sie den Becher mit den Belohnungen in dem Moment, in dem das Huhn die Box betritt, hineinstecken könnten. Denn auf diese Weise kommt das Huhn nicht ständig wieder aus der Box, um seine Belohnung zu kassieren. Sie wollen ja, dass das Huhn begreift, dass es zügig und ohne zwischendurch immer wieder zu stoppen in die Box gehen soll. Beugen Sie sich also nach Möglichkeit behutsam vor und strecken Sie die Hand zu Ihrem Huhn in die Box, damit Sie weiterhin clicken und belohnen können, während es tiefer hineingeht.

Und so geht's:

Schritt 1: Das Huhn soll sich der Box zuwenden.

Schritt 2: Lenken Sie es immer ein Stückchen weiter in Richtung Box.

Schritt 3: Bringen Sie es dazu, in die Box zu gehen, selbst wenn es nur einen Schritt hinein macht. Ein Erfolg bei Schritt 3 wird mit einem Jackpot belohnt. Das Huhn soll verstehen, dass es soeben Großes geleistet hat. Das Betreten der Box ist ein Meilenstein.

Schritt 4: Veranlassen Sie das Huhn, ganz in die Box zu gehen. Sobald es drin ist und sich darin umdreht, ist ein weiterer Meilenstein erreicht. Dieses Verhalten ist einen zweiten Jackpot wert! Ein Huhn, das willig in die Box geht, sollte auch deshalb einen Jackpot bekommen, damit es nicht sofort wieder hinausläuft.

Schritt 5: Bringen Sie das Huhn dazu, in der Box zu bleiben. Hühner sind gern in Bewegung, und deshalb könnte es sein, dass es der leichtere Teil der Übung war, es dazu zu bringen, in die Box zu gehen. Es dazu zu überreden, in der Box zu bleiben, könnte sich als wesentlich schwieriger erweisen. Hier kommt nun die operante Konditionierung ins Spiel.

Erinnern Sie sich: Bei der operanten Konditionierung wird ein Verhalten so lange belohnt, bis das Tier es in 80 Prozent der Fälle ausführt. Ist man an diesem Punkt angelangt, hört man mit dem Clicken und Belohnen auf, weil man nun den nächsten Schritt einüben will. Falls ich also möchte, dass mein Huhn in der Box bleibt, belohne ich es dafür, dass es darin ist. Was aber passiert, wenn ich den Belohnungsbecher aus der Box nehme? Ich will dem Huhn begreiflich machen, dass es in der Box bleiben soll, auch wenn ich den Becher aus der Box ziehe.

Damit Ihr Huhn versteht, dass es in der Box bleiben soll, müssen Sie enorm schnell clicken und belohnen, bevor das Huhn auch nur daran denkt, die Box zu verlassen. Wenn Sie nun clicken, weil es in der Box ist, lassen Sie es schnell aus dem Becher picken und ziehen diesen dann sofort aus der Box heraus. Dabei clicken und belohnen Sie abermals. Die Hand mit dem Becher und dem daran angekletteten Clicker können Sie gleichzeitig auch als Blocker verwenden, um das Huhn am Verlassen der Box zu hindern. Wiederholen Sie diesen Vorgang fünf- oder sechsmal sehr schnell hintereinander: clicken, belohnen, Becher aus der Box entfernen, wieder clicken und belohnen.

Der Jackpot

So geben Sie den Jackpot richtig:

- Halten Sie den Becher mit den Leckerbissen direkt vor das Huhn, sodass es sich nicht zu bewegen braucht, um ranzukommen.
- Lassen Sie es mehrmals picken.
- Ziehen Sie den Becher weg und halten Sie ihn dem Huhn gleich darauf wieder vor, um es erneut mehrmals picken zu lassen.
- Wiederholen Sie diesen Vorgang drei- bis viermal.

Nachdem Sie Ihr Huhn mittels Belohnung davon abhalten konnten, die Box zu verlassen, soll es als Nächstes selbst entscheiden, ob es drinbleiben oder herausgehen will. Halten Sie den Belohnungsbecher vor Ihren Bauch, decken Sie ihn mit Ihrer Hand ab und bleiben Sie einen Moment lang reglos stehen. Ist das Huhn nach ein bis zwei Sekunden immer noch in der Box, clicken und belohnen Sie wieder. Verlässt es die Box, lenken Sie es mittels Targettraining wieder hinein und beginnen von Neuem. Ihr Huhn lernt rasch, dass es toll ist, in der Box zu sein, weil es dort Leckerbissen erhält. Verlässt es dagegen die Box, gibt es nichts.

Trainieren Sie dieses Verhalten nur einige Minuten lang und gönnen Sie Ihrem Huhn danach eine Pause – nach Möglichkeit in einer anderen Box. Ich empfehle Ihnen sehr, sich zwei Boxen pro Huhn anzuschaffen: eine für das Training und eine für das Ausruhen danach. Ich halte in meinem Haus für die Hühner eine Transportbox und einen Käfig fürs Ausruhen bereit. Der Käfig ist so groß, dass sie darin herumlaufen können. Der Boden ist mit Sägespänen ausgestreut, es gibt ein Nest zum Eierlegen sowie Futter- und Wasserspender. Weil ich die Hühner für das Training eine Weile im Haus behalte, stellt diese Box praktisch ihre Zweitwohnung dar. Die Transportbox dient auch als Reisebox und ist etwas größer als eine Transportbox für Katzen. Ein Huhn findet darin genügend Platz, um aufrecht zu stehen, sich umzudrehen und sich hinzuhocken. Auf dem Boden liegt ein Handtuch, doch das Huhn hat darin weniger Platz als in der „Hühnerzweitwohnung", was auch völlig ausreichend ist, da sich das Huhn darin immer nur ganz kurz aufhält.

Nachdem Sie das Betreten der Box mehrmals geübt haben und das Huhn zügig hineingeht, brauchen Sie es nicht mehr so oft zu belohnen. Clicken und belohnen Sie während der gesamten Sequenz, in der es seinen Kopf dreht, auf die Box zugeht, hineingeht, sich darin umdreht und drin bleibt, nur noch ein- oder zweimal. Denken Sie aber daran, in der Anfangsphase bei jedem einzelnen Schritt zu clicken und zu belohnen.

Falls Ihr Huhn nicht so recht begreift, was Sie von ihm wollen, bieten Sie ihm für das Erreichen jedes Meilensteins einen Jackpot an. Zu den Meilensteinen zählen Aktionen wie:

Gewöhnung an die Box

Überraschenderweise gewöhnen sich Hühner ziemlich schnell an ihre Box. Es könnte daran liegen, dass sie sich darin geborgen fühlen, weil sie auf allen Seiten von Wänden und oben von einem Dach umgeben sind. All meine Hühner (einschließlich der Hähne!) werden wenige Minuten, nachdem sie in der Box sind, ganz ruhig. Training wird dann wichtig, wenn ein Huhn länger in der Box bleiben soll, als es erwartet hatte, denn normalerweise will es nach kurzer Zeit wieder heraus. Außerdem muss ein Huhn lernen, sich an unterschiedliche Umgebungen mit neuen Gerüchen, Geräuschen und veränderlichen Temperaturen anzupassen. Es muss auch lernen, willig in die Box zu gehen, damit Sie es nicht immer hineinsetzen müssen. In einer Box herumgetragen und im Auto herumgefahren zu werden und zu erleben, wie Menschen und vielleicht sogar Hunde nahe an die Box kommen, ist etwas, an das man ein Huhn schrittweise gewöhnen muss. Einfach nur in der Box zu sein ist dabei die leichteste Übung.

- Sich der Box zuwenden
- Über die Schwelle der Box treten
- Sich in der Box umdrehen
- In der Box stehen bleiben

Nachdem sämtliche Schritte bewältigt sind, kann es passieren, dass sich Ihr Huhn in der Box hinhockt – bei offener Tür! Hühner langweilen sich ziemlich schnell, und deshalb kann das Hinhocken bedeuten, dass es sich entweder mehr Action wünscht oder aber die friedliche Atmosphäre in der Box genießt. Falls das Huhn Action wünscht, verringern Sie einfach die Verstärkungsquote: Sie verlängern die Zeitspannen zwischen Clicken und Belohnen, bis Sie einige Minuten warten können, bevor Sie die Belohnung anbieten (das ist dann aber schon ein Training für fortgeschrittene Hühner!).

Wenn Ihr Huhn sämtliche Schritte sehr gut absolviert hat, können Sie darangehen, es vom Targetstab und von der Belohnung zu entwöhnen. Diese Entwöhnung von der Belohnung sollte allerdings nicht zu rasch erfolgen, denn ansonsten haben Sie plötzlich ein Huhn, das kein Interesse mehr daran zeigt, mit Ihnen zusammenzuarbeiten.

Vom Targetstab entwöhnen

Bis jetzt haben Sie den Targetstab (Kochlöffel) in der Hand gehalten. Vermutlich ist er 15 Zentimeter lang oder länger. Nun wird es Zeit, das Huhn von ihm zu entwöhnen, sodass es Ihrer Hand oder einem ausgestreckten Finger folgt (ohne ihn jedoch ständig anzupicken!). Wenn Sie ihm den Becher mit ein paar Zentimetern Abstand vor den Schnabel halten und es darauf zugeht, schaffen Sie es vermutlich, dass das Huhn nicht hineinpickt. Sind Sie allerdings zu langsam, wird es den Becher einholen und daraus fressen. Entfernt sich der Targetstab zu weit vom Huhn, verliert es das Interesse daran und macht etwas anderes. Achten Sie sehr genau darauf, Ihr Tempo dem des Huhns anzupassen. Sobald mein Huhn wirklich verstanden hat, was der Targetstab ist, bewege ich ihn so schnell, dass es ihn nicht die ganze Zeit über anpickt.

Wenn Sie Ihr Huhn vom Targetstab entwöhnen wollen, halten Sie ihn allmählich immer kürzer, sodass immer weniger davon von Ihrer Hand wegragt. Ragte er anfangs 15 Zentimer weit aus Ihrer Hand, sind es bei der nächsten Trainingseinheit nur noch zwölf, dann zehn und immer weniger Zentimer, bis Ihr Finger weiter aus der Hand ragt als der Targetstab. Schließlich ist Ihr Finger alles, was das Huhn sieht. Ihm folgt es nun.

Sobald das Huhn den Finger als Targetstab akzeptiert hat, können Sie es beim Boxentraining auch vom Finger entwöhnen. Ziel ist, dass das Huhn in kleinen Schritten lernt, in die Box zu

gehen, sich darin umzudrehen und hinzuhocken, sobald Sie einfach nur mit dem Finger auf die Box zeigen und ein einziges Mal und erst am Ende der Übung clicken und belohnen!

Sobald Ihr Huhn dem Finger folgt, sollten Sie auf die Box zeigen. Falls es in eine andere Richtung schaut, bewegen Sie Ihren Finger vor seinen Augen, damit es ihn deutlich erkennt, und dann in Richtung Box. Vielleicht müssen Sie im Training ein paar Schritte weit zurückgehen und für mehr Verhaltenselemente clicken und belohnen als in der Phase, in der Sie den Targetstab eingesetzt hatten. Vielleicht tut sich das Huhn schwer damit zu verallgemeinern und glaubt, gerade ein neues Kunststück zu lernen, weil der Targetstab nicht mehr da ist.

Lenken Sie Ihr Huhn mit dem Finger so, dass es über die Schwelle der Box geht. Sie können auch Ihre Hand in die Box stecken, aber veranlassen Sie das Huhn nicht mittels Locken zum Umdrehen, sondern warten Sie ab, ob es das von selbst tut. Vielleicht geht es rückwärts wieder aus der Box heraus, oder aber es dreht sich um und bleibt darin. Dann gibt es einen Jackpot, denn Ihr Huhn ist gerade selbstständig in die Box gegangen und dringeblieben. Außerdem haben Sie soeben Verhaltenselemente Ihres Huhns erfolgreich verkettet – indem Sie es dazu brachten, vor der Belohnung mehrere Verhaltenselemente hintereinander auszuführen.

Sagen Sie zu Ihrem Huhn „Okay“ und hören Sie mit dem Belohnen auf. Warten Sie, bis es die Box verlassen hat, und üben Sie die gesamte Verkettung erneut mit ihm. Dabei setzen Sie Ihr Target – den Finger – etwas weniger auffällig ein. Als Beispiel: Falls Sie beim letzten Mal Ihre Hand halb in die Box stecken mussten, damit das Huhn ganz hineinging, strecken Sie Ihre Hand beim nächsten Mal nur ein Viertel der Boxenlänge weit hinein. Wenn das Huhn dennoch tut, was es soll, strecken Sie die Hand beim folgenden Mal nur ein Achtel der Strecke weit hinein. Schließlich bleibt Ihre weisende Hand am Eingang der Box.

Intervallverstärkung eignet sich gut für das Einüben des selbstständigen Aufsuchens der Box. Auch wenn Ihr Huhn dieses Kunststück gut beherrscht, sollten Sie niemals ganz mit dem Verstärken aufhören. Ich empfehle, dass Sie sich stattdessen beim Clicken und Belohnen danach richten, wie gut das Huhn seinen Trick ausführt. Sagen wir z. B., dass es zwar in die Box geht, sich vor dem Eintreten jedoch umschaut. Zwar können Sie nun clicken und es ein paar Male aus dem Becher picken lassen, doch wenn es auf Ihren Fingerzeig hin direkt in die Box geht und sich sofort hineinhockt, würde ich es mit einem Jackpot belohnen. Hühner können verschiedene Laute hervorbringen, und deshalb könnten Sie dieses und auch andere Verhalten mit einem verbalen Hinweis verbinden – sagen Sie z. B. „Box“. Verwenden Sie den verbalen Hinweis weiterhin, während Sie Ihren Vogel vom Targetstab/zeigenden Finger entwöhnen. Eines Tages wird das Huhn allein auf den verbalen Hinweis reagieren. Probieren Sie es einfach aus!

Trick: Auf den Arm springen

Zunächst eine Anmerkung: Kräftiger gebaute und ältere Hühner bekommen dieses Kunststück möglicherweise nicht so gut hin. Achten Sie bitte stets darauf, Ihr Huhn nicht zu überfordern.

Es ist wohl eine instinktive Reaktion, dass Hühner vor etwas zurückweichen, das sich auf sie zu bewegt; wenn Sie Ihrem Huhn also beibringen wollen, zu Ihnen zu kommen, dürfen Sie sich nicht auf das Huhn zu bewegen. Bei den ersten Trainingseinheiten zu diesem Trick senken Sie zuerst Ihren Arm ab und fordern das Huhn erst danach dazu auf, zu Ihnen zu kommen. Bewegen Sie sich langsam und gleichzeitig entschlossen, also nicht so, dass das Huhn den Eindruck bekommt, etwas Bedrohliches schleicht sich heran.

Ich beginne mit diesem Training auf dem Tisch. Meine Hühner kennen den Tisch als Fläche, auf der wir zusammenarbeiten und sie belohnt werden. Deshalb ist es wahrscheinlicher, dass sie auf dem Tisch bleiben und auf mich eingehen. Auch bei diesem Trick sollten Sie in kleinen Schritten arbeiten. Erst wenn das Huhn das Kunststück auf dem Tisch beherrscht, können Sie es vom Fußboden aus probieren, indem Sie sich zum Huhn auf den Boden hocken. So muss es weder zu hoch springen noch beugen Sie sich hinunter zu ihm, was ihm Angst einjagen könnte.

Hühner setzen sich von Natur aus auf Gegenstände, doch muss man sie erst daran gewöhnen, sich auf etwas zu setzen, das sich wackelig und instabil anfühlt. Versuchen Sie zunächst, das Huhn auf Ihren nackten Arm (ohne Ärmel) zu locken, denn ein Ärmel könnte auf Ihrem Arm verrutschen, und das verunsicherte Huhn würde schnell wieder hinunterspringen. Allerdings kann es passieren, dass es sich auf Ihrem Arm buchstäblich festkrallt und Sie beim Training einige Kratzer abbekommen.

Und so geht's:

- Stellen Sie das Huhn auf den Tisch.
- Nehmen Sie in die eine Hand den Belohnungsbecher mit dem Clicker.
- Legen Sie Ihren gebeugten Arm in Richtung Huhn.
- Halten Sie den Belohnungsbecher so, dass sich das Huhn, um auf den Arm zu springen, auf Ihren Körper zu bewegen muss. Vorsicht: Wenn der Becher zu nah beim Huhn ist, braucht es sich vielleicht nur vorzubeugen, um an die Leckereien zu kommen. Ist der Becher jedoch zu weit entfernt, könnte es über Ihren Arm hinwegspringen, um daran zu gelangen. Streben Sie also den goldenen Mittelweg an.
- Halten Sie den gebeugten Arm über der Tischplatte in der Schwebe und gerade so hoch, dass das Huhn mit einem Schritt hinaufsteigen kann.
- Sobald es einen Fuß auf Ihren Arm setzt, clicken und belohnen Sie. Die ersten paar Male steigt das Huhn vielleicht nur mit einem Fuß auf den Arm, während der andere auf dem Tisch bleibt. Clicken und belohnen Sie fleißig und arbeiten Sie in ganz kleinen Schritten.

Sobald das Huhn daran gewöhnt ist, auf Ihren Arm zu steigen, können Sie ihn etwas höher über dem Tisch halten.

Sobald sich das Huhn dabei wohlfühlt, einen Fuß auf Ihrem Arm zu haben, heben Sie ihn langsam zwei Zentimeter höher. Das zwingt das Huhn dazu, sein Gewicht zu verlagern, und so wird es entweder wieder den Fuß vom Arm nehmen oder aber auch den zweiten auf den Arm stellen. Nun sitzt es also auf Ihrem Arm und hat sich dafür einen Jackpot verdient!

Falls sich Ihr Huhn kraulen lässt, wäre das jetzt eine gute Gelegenheit. Vielleicht befindet es sich aber noch im „Arbeitsmodus“ und möchte nicht gestreichelt werden, sondern lieber mehr Belohnungen erhalten. Aber das ist auch in Ordnung.

Sobald das Hinaufhüpfen auf den Arm vom Tisch aus gut sitzt, beginnen Sie mit dem Proofing: Üben Sie den Trick in unterschiedlichen Situationen, z. B. am Fußboden. Setzen oder knien Sie sich zunächst auf den Boden, damit das Huhn auf Ihren Arm steigen kann und nicht hochzuspringen braucht. Stellen Sie beispielsweise die Box auf den Fußboden und bringen Sie das Huhn dazu, sofort nach dem Verlassen der Box auf Ihren Arm zu springen. Sie können auch einen verbalen Hinweis geben, wie z. B. „Hopp!“, oder ein Kussgeräusch machen, um dieses Verhalten abzurufen. Mitunter genügt der Anblick des Arms, damit das Huhn weiß, was gewünscht ist und die Belohnung folgt.

Vergessen Sie bitte nicht, dass sich bei der operanten Konditionierung keine Fortschritte einstellen, wenn man ein Verhalten einfach immer weiter belohnt. Haben Sie also das Ziel, dass Ihr Huhn hochspringt, um auf Ihrem Arm zu landen, dann sollten Sie es irgendwann nicht mehr dafür belohnen, dass es nur auf Ihren Arm steigt. Halten Sie den Arm zentimeterweise immer höher, damit es anfängt hochzuspringen. Aber erschweren Sie dem Huhn diese Übung nicht allzu sehr, sonst gibt es einfach auf. Stärken Sie sein Selbstvertrauen. Wenn es danebenspringt, gehen Sie im Training ein paar Schritte zurück, damit es wieder etwas zeigen kann, das es gut beherrscht. Es wird nicht lange dauern, und Sie können neben Ihrem Huhn hergehen und es auf Kommando dazu bringen, auf Ihren Arm zu flattern.

Hühner und andere Tiere

Hühner zu halten kann sehr entspannend sein. Ich sitze gern draußen, schaue ihnen beim Herumstreifen zu und erfreue mich an den kleinen Geräuschen, die sie dabei machen. Immer wenn eine Henne etwas Leckeres gefunden hat, läuft sie damit schnell davon. So merken die anderen sofort, dass es etwas zu holen gibt, und rennen hinterher. Dabei hätte sie ihren Fund einfach in aller Stille genießen können!

Interessant ist es auch immer wieder, die Hierarchie in der Hühnergruppe zu beobachten. Meine Freundin Heather Lockhart glaubt, dass die Alpha-Henne morgens als erste ihr Ei legt und dass die anderen erst danach dran sind. Ich hatte noch nie die Zeit, meine Hühner so lange zu beobachten, doch ich wette, dass jedes seine gleichbleibende Legezeit hat. Mir ist schon aufgefallen, dass manche eher vormittags und andere lieber nachmittags legen.

Es bleibt noch so viel über Hühner herauszufinden! Bisher wissen wir, dass sie eine Rangordnung haben, über viele verschiedene Laute kommunizieren und Körpersprache einsetzen. (Bei meinem Hahn Marlboro weiß ich immer sofort, wenn er gleich auf mich losgehen wird!)

Aber wussten Sie, dass Hühner, sofern sie artgerecht gehalten werden, auch der Umwelt und anderen Tieren nutzen?

Viele Freunde von uns, die Pferde halten, finden Hühner unentbehrlich: Die Hühner verteilen auf der Pferdeweide den Mist und vertilgen Würmer und Insekten, die den Pferden schaden könnten. Auf diese Weise halten sie die Weide für die Pferde in Schuss.

Auf meinem Hof leben die Hühner mit Hänge-

Beim Trainieren meiner Hängebauchschweine Daisy, Petunia und Lily (von links).

bauchschweinen zusammen. Ich glaube nicht, dass die Hühner den Schweinen auf irgendeine Art nützen, doch sie vertragen sich gut miteinander. Die Schweine bauen sich jeden Abend im Stroh Nester, und die Hühner lieben es, in deren Umgebung nach Insekten zu scharren. Bei schönem Wetter verbringen die Schweine viel Zeit damit, im Boden nach kleinen Tieren und Wurzeln herumzuwühlen, und immer sind die Hühner ganz in ihrer Nähe und schnappen sich alles, was die Schweine übersehen haben.

Man braucht nicht viel zu tun, um Hühner an Pferde und Schweine zu gewöhnen. Ein wenig anders verhält es sich mit Hunden, die in den Augen der Hühner nichts anderes als Wölfe oder Füchse sind. Unsere Hunde sind zu den Hühnern ziemlich nett und scheuchen sie kaum einmal, es sei denn, ein Huhn rennt los und weckt dadurch den Jagdinstinkt, der bei manchen Hunden einfach stärker ausgeprägt ist als bei anderen. Auch wir haben einige Hunde, die den Hühnern nicht einfach zuschauen, sondern etwas Extraerziehung brauchen, um sie in Ruhe zu lassen.

Für den Fall, dass Sie einen Hund besitzen, der Hühner jagt (und diese auch gern verspeisen würde), kann ich Ihnen ein paar wirkungsvolle Gegenmaßnahmen vorschlagen. So, wie sich

Hühner durch Shaping erziehen lassen, kann man auch Hunden beibringen, dass es nicht in ihrem Interesse ist, Hühner zu jagen. Falls Ihr Hund einen stark ausgeprägten Jagdtrieb zeigt, sollten Sie den Text im Kasten „Für Sicherheit sorgen“ auf Seite 123 durchlesen. Instinkte kann man Tieren leider nicht abtrainieren. Hat Ihr Hund aber einfach nur Spaß daran, die gackernden Staubwedel herumzuscheuchen, lässt sich etwas dagegen unternehmen.

Setzen Sie das, was Sie jetzt über Shaping gelernt haben, ein, um Ihrem Hund die Jagd auf Hühner abzugewöhnen. Dafür beginnen Sie mit einer kontrollierten Situation. Sie benötigen ferner einen Beutel begehrter Leckerbissen und Ihren Clicker. (Ihr Hund muss natürlich den Einsatz des Clickers kennen.)

Bitten Sie eine andere Person, ein Huhn zu halten, oder, noch besser, setzen Sie das Huhn in eine Box. Nehmen Sie den Hund an die Leine. Jetzt bringen Sie ihn dazu, immer dann, wenn er ein Huhn sieht, sofort Sie anzuschauen. Das ist ziemlich simpel und dennoch sehr effektiv. Der Hund wird bald begreifen: „In Gegenwart eines Huhns blicke ich zu meinem Frauchen/Herrchen und bekomme dafür eine tolle Leckerei.“ Denn es ist so: Wenn Ihr Hund Hühner jagen will und auf die Hühner fixiert ist, werden Sie kaum seine Aufmerksamkeit auf sich ziehen können. Doch wenn Ihr Hund Hühner jagen will und Sie anschaut, bevor er damit anfängt – ja, dann haben Sie seine Aufmerksamkeit und können ihn ablenken.

Wenn Sie nun Ihren Hund an der Leine und das Huhn in der Box haben, clicken und belohnen Sie Ihren Hund jedes Mal, wenn er das Huhn ansieht. Der Hund schaut das Huhn an, Sie clicken

Wann geht es weiter?

Vergessen Sie nicht: Sobald ein Tier in 80 Prozent der Fälle das erwünschte Verhalten zeigt, wird es Zeit für den nächsten Schritt. Wenn Sie eines Tages denken: Ich weiß gar nicht, ob der Hund überhaupt gemerkt hat, dass in der Box ein Huhn ist, sind Sie für die nächste Phase bereit.

und belohnen ihn. Das mag zunächst kontraproduktiv klingen. Warum sollte ich verstärken, dass mein Hund das Huhn anstarrt?

Erstens belohnen Sie Ihren Hund auf diese Weise nicht dafür, dass er Hühner jagt. Natürlich dürfen Sie nicht clicken und belohnen, wenn der Hund an der Box kratzt oder das Huhn anbellt. Sondern Sie belohnen Ihren Hund für ruhiges Verhalten in Gegenwart des Huhns.

Zweitens ist der Clicker ein Marker, und Sie markieren damit ein Verhalten, das darin besteht, das Huhn anzuschauen. Da Ihr Hund bereits konditioniert wurde, versteht er, dass das Clicken eine Belohnung ankündigt, und blickt in freudiger Erwartung zu Ihnen auf.

Der Hund sieht das Huhn an: clicken und belohnen. Ihr Hund wird seinen Kopf jetzt schnell hin und zurück bewegen. Erst wird er zum Huhn blicken und dann so schnell er kann wieder zu Ihnen. Vielleicht fängt er auch nur an, den Kopf zu drehen, doch nach ein paar Malen wird er

nicht einmal mehr zum Huhn hinschauen. Das ist toll und genau der richtige Moment, um Ihrem Hund einen Jackpot anzubieten. Er weiß, das Huhn ist da, doch er entscheidet sich dafür, seinen Kopf nicht zum Huhn umzudrehen, weil er bereits den nächsten Schritt kennt.

Sobald Ihr Hund das Huhn tatsächlich nicht mehr anblickt, können Sie die Übung erschweren, indem Sie sich z. B. zusammen mit dem Hund auf die andere Seite des Huhns in der Box stellen. Oder aber das Huhn in seiner Box auf einen Stuhl oder Tisch stellen und dadurch dessen Höhe verändern. Wenn Training und Timing gut geklappt haben, wird Ihr Hund jetzt denken: Ja, schon gut, ich sehe das Huhn, aber gib mir endlich die Belohnung!

Verändern Sie die Situation immer wieder, indem Sie das Huhn in der Box an unterschiedlichen Orten und in verschiedenen Höhen aufstellen, sowohl im Haus als auch draußen. Üben Sie es auch, dass eine Person das Huhn im Arm hält, wenn Sie das nicht schon von Anfang an trainiert haben. Nehmen Sie den Hund an eine längere Leine, sodass er mehr Entscheidungsfreiheit hat.

Wenn das Proofing stets geklappt hat, können Sie darangehen, das Huhn frei im Hof laufen zu lassen. Aber vergessen Sie bitte nicht, dass Hunde letztlich Tiere sind. Deshalb sollten Sie

Beim Beobachten der Hühner lernt man viel über individuelles Verhalten und Schwarmintelligenz.

Für Sicherheit sorgen

Ihr Hund glaubt, die Hühner im Hof sind für ihn gedacht – Futter auf zwei Beinen? Durch Training lässt sich sicherlich einiges verbessern, trauen aber würde ich einem solchen Hund nie. Wenn Sie davon ausgehen, dass er Hühner töten würde, müssen Sie dafür sorgen, dass die Hühner in Sicherheit sind, anstatt Ihrem Hund etwas vorzuhalten, das ihm angeboren ist. Investieren Sie in gute Zäune. Sorgen Sie dafür, dass der Hund nie unbeaufsichtigt in die Nähe der Hühner gelangt, und schärfen Sie allen, die mit Ihnen zusammenwohnen, ein, gut aufzupassen, dass Hund und Hühner niemals gleichzeitig draußen frei herumlaufen. Achten Sie stets darauf, dass kein Unglück passiert.

Ihren Hund so lange angeleint lassen, bis Sie sich sicher sind, ihn gut erzogen zu haben. Nun sollte ihn auch ein Huhn, das sich frei bewegt, nicht mehr reizen. Er ist darauf konditioniert, in Gegenwart eines Huhns seine Aufmerksamkeit seinem Besitzer zuzuwenden und dafür belohnt zu werden. So funktioniert Shaping – und genau deshalb liebe ich es!

Und was ist mit den Hähnen?

Früher sagte ich gern: „Das Leben ist zu kurz, um sich einen bösen Hahn zu halten.“ Mittlerweile glaube ich nicht mehr so fest daran. Unser erster Hahn hieß Frodo, ein riesiges Exemplar der Rasse Cochin. Eine Freundin von mir hatte von einer Zucht Hühner bestellt und erhielt ihn als Bonus mit dazu. (Inzwischen weiß ich viel mehr über Hühner als damals und kann vor „Bonus-Hühnern“ nur warnen! Vermutlich ist dies ein Trick der Züchter, um männliche Küken loszuwerden.) Ich fuhr zu meiner Freundin und suchte mir ein paar aus, die ich ihr abnehmen wollte. Ich wählte fünf unterschiedlich gefärbte Küken und verliebte mich in das Bonus-Hähnchen. Der kleine Piepmatz traute sich, zu meiner Hand zu kommen und den glänzenden Ring anzupicken. Entzückend, nicht wahr? Ha! Inzwischen weiß ich auch, dass man sich vor Hühnern hüten sollte, die verwegen genug sind, sich Menschen spontan zu nähern und sie anzupicken. Nicht alle von ihnen entpuppen sich als Hähne, aber es ist ein ziemlich zuverlässiger Hinweis.

Interessant an dem Bonus-Küken war auch, dass die anderen Küken nichts mit ihm zu tun haben wollten. Sie ließen keine Gelegenheit aus, nach ihm zu hacken. Offenbar ahnten sie bereits, dass es später Probleme machen würde.

Unser kleiner Frodo war ein niedliches Hähnchen, bis er vier Monate alt wurde und zu krähen begann. Sobald er seine Stimme entdeckt hatte, wurde er zum Vogelmann! Er jagte uns, sobald wir die Scheune betraten, und zwar so beharrlich, dass wir uns angewöhnten, stets Stöcke mitzunehmen – zur Selbstverteidigung. Frodo einen Stock entgegenzuhalten schien zu genügen, um ihn abzuschrecken. Kam man jedoch ohne Stock, dann raste er auf uns zu, flatterte in die Luft und versuchte, uns mit seinen Sporen zu erwischen.

Es ging so weit, dass er, sobald er uns aus dem Haus kommen sah, mit voller Geschwindigkeit auf uns zu rauschte. Hatte ich bereits erwähnt, dass er immer weiter wuchs, bis er zu dem größten Huhn wurde, das ich jemals gesehen habe? Er reichte mir beinahe bis zur Taille! Ich habe in meinem Leben schon mit 60 Kilogramm schweren Rottweilern und Deutschen Schäferhunden gearbeitet und gestehe nicht gern, dass ich vor diesem Hahn Angst hatte. Er war schnell, und er war gemein! Für ihn waren im Leben drei Dinge wichtig: fressen, sich paaren und uns das Leben zur Hölle machen. Wenn ich nicht drei Kinder gehabt hätte, hätte ich mir vielleicht überlegt, ihn zu behalten.

Unser Hahn Frodo – bevor er so groß wie Corey war!

Mein Jüngster war damals vier Jahre alt, und Frodo war größer als er. Irgendwann wurde es mir einfach zu riskant, ihn zu behalten. Zum Glück hatten wir einen älteren Bekannten, der einen Bauernhof mit Pferden, Hängebauchschweinen, Enten und Hühnern unterschiedlicher Rassen besaß. Er war ein hochgewachsener, barscher alter Herr – jemand, der wirkte, als ob er mit einem aggressiven Hahn kurzen Prozess machen würde. In Wirklichkeit aber war er der reinste Tiernarr. Wir fragten, ob er uns Frodo abnehmen könnte, und er willigte ein.

Frodo zu fangen und ihn in eine Transportbox zu stecken, um ihn in den Nachbarort zu fahren, war keine leichte Aufgabe. Bevor ich mich daranmachte, suchte ich im Haus Dinge, aus denen sich eine Rüstung zusammenstellen ließ, darunter eine Sturmhaube und dicke Handschuhe. Nachdem es mir endlich gelungen war, Frodo in die Transportbox zu befördern, goss ich mir erst einmal ein Glas Wein ein. Ich stellte die Box hinaus auf die Veranda und setzte mich mit meinem Weinglas daneben, um meinen Triumph zu feiern. Während ich ihm erzählte, was für ein schöner Hahn er war (was tatsächlich auch stimmte), kam ich mit meiner Hand in die Nähe der Boxentür, und es gelang ihm, an meine Hand zu kommen. Er packte sie mit seinem Schnabel und ließ sie nicht mehr los. Der kleine Mistkerl! Dies bestätigte mir nur, dass meine Entscheidung, ihn wegzugeben, goldrichtig war.

Meine Freundin Jill mit einem netten Hahn namens Sonny vom Gnadenhof.

An dem Abend brachten wir Frodo zu seinem neuen Zuhause. Wir warnten den neuen Besitzer, dass er zwar ein sehr schöner, aber auch ein gefährlicher Hahn sei. Der Mann betrachtete Frodo schweigend durch das Gitter, dann öffnete er langsam die Tür der Transportbox und griff hinein. Er holte Frodo heraus und klemmte ihn sich behutsam unter den Arm. Regungslos schauten die beiden einander an. Der Mann sagte leise etwas zu Frodo und setzte ihn sanft auf dem Fußboden ab. Frodo blieb dort einen Augenblick lang stehen und ging dann ganz ruhig davon, um seine neuen Hennen kennenzulernen. Zu sagen, dass wir vollkommen verblüfft waren, wäre noch milde ausgedrückt. Es war, als hätten sich die beiden wortlos verständigt. Wenn ich seither von diesem Mann spreche, nenne ich ihn nur noch den „Hähneflüsterer".

Wir hatten auch noch andere Hähne, darunter ein paar aggressive Rabauken und auch friedliche. Alle aber waren zu ihren Hennen sehr nett. Ich weiß, dass, wenn Hähne ihre Hennen verteidigen, sie eigentlich nur den Job machen, der schon seit Millionen von Jahren in ihrem Erbgut

Kann man mit Hähnen trainieren?

Ich wüsste nicht, was dagegen spricht, denn schließlich können Hähne ebenso schlau wie Hennen sein. Sobald allerdings ihr Testosteron ins Spiel kommt, haben sie anderes im Sinn. Hähne sind clever, aber ihre Instinkte lassen sich nicht abtrainieren. Falls Sie mit einem Hahn arbeiten wollen, sollten Sie früh damit beginnen, noch bevor er mit ungefähr vier Monaten in die Pubertät kommt. Falls Sie nur diesen einen Hahn und keine Hennen besitzen, sollte nichts schiefgehen. Allerdings könnte er glauben, Sie wären seine Henne und er müsse Sie gegen andere verteidigen. Meistens aber geben „Single-Hähne" gute Kumpel ab.

Sollten Sie einen Hahn trainieren wollen, aber auch Hennen haben, so müssten Sie den Hahn in der Zeit, in der Sie ihn ausbilden wollen, von ihnen fern halten. Erziehen Sie ihn dazu, dass er in seine Box geht und dort bleibt und sorgen Sie dafür, dass er die Hennen weder hört noch riecht oder sieht, denn ansonsten hat er nur seine Mädels im Kopf. Möglicherweise brauchen Sie für die Arbeit mit einem Hahn mehr Geduld als für die mit einer Henne, aber sicherlich wird sie Ihnen ebenso viel Spaß machen.

verankert ist, und mit der Zeit lernte ich sie zu schätzen. Erstens ist selbst der schlichteste Hahn noch sehr schön. Zweitens kümmern sich Hähne wirklich um die Hennen, denn sie zeigen ihnen immer, wo Futter ist, treiben sie unter die Büsche, sobald sie einen Greifvogel sichten, lassen die Hennen als Erste fressen und schützen sie vor Angreifern, notfalls unter Einsatz des eigenen Lebens. Wenn ein Waschbär oder ein anderer Fressfeind in unsere Scheune eindringt, gehen sie buchstäblich an die vorderste Front. Doch leider lassen ihre Instinkte nicht immer zu, dass sie lernen, zwischen Menschen und Raubtieren zu unterscheiden.

Unser derzeitiger Chefhahn heißt Marlboro. Er ist ein schmucker Bursche, der all seine Hennen gleichermaßen liebt und umsorgt. Den Namen gaben wir ihm, weil sich sein erstes Krähen anhörte wie die Stimme einer alten Dame, die ihr Leben lang geraucht hatte. Marlboro greift mich nur selten an, attackiert dafür aber stets meinen Mann und meine Söhne. Ich sage ihnen immer wieder, dass er zurückweichen würde, wenn sie sich nur langsam auf den Hahn zu bewegen und ihm die Arme entgegenstrecken würden, und dass er Besucher, die sein Reich vorsichtig beträten, in Ruhe ließe. Aber entweder befolgen sie meinen Rat nicht oder er funktioniert bei ihnen nicht. Mein Jüngster muss zum eigenen Schutz einen Rechen mitnehmen, wenn er in die Scheune geht! Wie gesagt ist das Leben zu kurz, um sich einen bösen Hahn zu halten. Dennoch weiß ich, dass es meinen Hennen besser geht, wenn Hähne da sind.

Spielideen für Hühner

Ich liebe Hühnerspielzeug: Zum einen, weil Hühner schlau und neugierig sind und ich alles mag, was sie glücklich macht; zum anderen, weil ich möchte, dass sie ihren Kopf gebrauchen und über das, was sie sehen und erleben, nachdenken. Je mehr man seinen Tieren das Denken und Entdecken ermöglicht, desto glücklicher und ausgeglichener sind sie. Ich kenne Hühner, die gestresst sind, sich Artgenossen gegenüber aggressiv verhalten oder einfach nur gelangweilt sind, weil sie nichts zu tun haben. Hühner sind clevere, aktive Vögel und beschäftigen sich gern mit Dingen, die ihnen Spaß machen und sie fordern. Darin gleichen sie kleinen Kindern und Hunden: Wenn man ihnen keine Beschäftigung gibt, suchen sie sich eine – sie graben z. B. Löcher oder gehen auf andere Hühner los. Dabei liegt es in unserer Hand, ihre Lebensqualität wesentlich zu verbessern, indem wir ihnen Beschäftigungen anbieten. Neben Clickertraining gibt es auch noch andere Möglichkeiten.

Intelligenzspielzeug: Es gibt in diesem Bereich sehr viele Artikel für Hunde, und ich verwende sie auch für meine Hühner. Einmal habe ich zu Hause mit drei meiner Tiere ein kleines Verhaltensexperiment durchgeführt: mit einem Hund, einem Schwein und einem Huhn. Ich wollte ihre Intelligenz messen, indem ich ihre jeweiligen Leckerbissen in einem solchen „Puzzle" versteckte und dann die Zeit stoppte, wer seine Leckerlis zuerst fand. Erraten Sie, wer Sieger wurde?

Natürlich weiß ich nicht, wie realistisch dieser Versuch war. Der Hund versuchte, das ganze Puzzle ins Maul zu nehmen. (Er ist allerdings nicht mein cleverster Welpe, wenn auch der niedlichste!) Zu seiner Verteidigung muss ich aber auch sagen, dass das Spielzeug aus Holz war und er es liebt,

Für Hunde entwickelte Puzzles machen auch Hühnern Spaß, vor allem wenn sie Futter enthalten.

Stöckchen herumzutragen. Zwar fand er die Leckerlis nicht schnell, bekam aber irgendwann die Fächer auf. Das Schweinemädchen ging am entschlossensten vor, konnte aber mit seinen Füßen die Fächer nicht öffnen, in denen die Leckerlis versteckt waren. Deshalb nahm es die Schnauze zuhilfe und errang den zweiten Platz. Als Letzte kam meine Andalusierhenne Sam dran. Verblüffend! Das Puzzle hatte vier Fächer, die das Tier öffnen musste, um an die Leckerlis zu kommen. Sam hatte mit mir schon ähnliche Übungen gemacht, und deshalb wusste ich, dass sie sich sofort für das Spielzeug interessieren würde. Gleich nachdem sie es sich angeschaut hatte, begann sie daran zu scharren, und – zack! – bekam sie das erste Fach auf. Sie schaute das zweite Fach an, scharrte daran, und schon hatte sie auch dieses geöffnet. Ich hatte schon geahnt, dass sie bei diesem Spiel brillieren würde, aber ich war dann doch sehr erstaunt, wie klug und findig meine Tiere eigentlich sind.

Hängende oder vergrabene Leckerbissen: Hängen Sie Leckerbissen so auf, dass Ihr Huhn sie sieht und in die Luft springen muss, um sie zu erwischen. Geeignet wäre beispielsweise ein Salatblatt, das an einer mit Wäscheklammern befestigten Schnur hängt. Auch Wassermelonenstücke sind perfekt, ebenso wie einen Tag alte Brötchen. Gern verstecke ich Hundekuchen in den von den Schweinen gegrabenen Löchern und schaue dann zu, wie Schweine und Hühner auf Schatzsuche gehen.

Sam war eines meiner Lieblingshühner.

Knochen mit Fleisch dran: Hühner sind ja bekanntlich kleine Dinosauriernachfahren! Meine Hunde lieben Fleischknochen und meine Hühner ebenso. Die Hühner ziehen sie einander weg und spielen richtig damit.

Snackbälle: Diese gibt es für Katzen und Hunde: Kugeln mit Löchern, aus Hartplastik (oft mit einem kleineren Ball innen) oder aus Weichplastik (die sehen wie Babyspielzeug aus). Sie können ähnliche Bälle für Ihre Hühner kaufen oder aber aus einem Wiffleball oder aus Karton selbst herstellen. Stecken Sie Salat hinein, sodass das Huhn in die Löcher picken muss, um daran zu kommen. Sie können auch einen Hartgummiball für Hunde mit Leckerbissen füllen. Vermischen Sie diese mit Erdnussbutter, damit sie nicht zu leicht herausfallen. Oder aber Sie füllen den Ball mit gefrorenen Erbsen, sodass bei jedem Picken einige herausfallen.

Snacks an der Schnur: Käsestückchen, Popcorn ... Es gibt viele Leckereien, die man für Hühner aufhängen kann.

Leckerlis auf einem Stück Holz: Streuen Sie auf einem Holzscheit mit rauer Rinde Haferflocken, gekochten Reis oder Stücke gekochter Nudeln aus. Die Hühner sind gefordert, weil sie das Futter aus den Ritzen und kleinen Löchern herausangeln müssen.

Neues Futter: Geben Sie Ihrem Huhn mehrmals pro Woche neues Futter. Unsere Hühner fressen so gut wie alles, und Überraschungen begeistern sie!

Futterblock: Er bietet eine gute Beschäftigungsmöglichkeit an Wintertagen, an denen keine Insekten herumkrabbeln.

Eiskuchen: Ein Eisring mit eingefrorenen Leckerbissen ist an einem heißen Sommertag der Hit!

Heu: Meine Hühner und Schweine bekommen täglich eine gute Portion Heu. Die Schweine kauen darauf herum und bauen sich Nester aus Heu und Stroh. Die Hühner springen darauf herum, scharren darin, breiten es aus und suchen nach Insekten.

Spielzeuge, die Leckerlis spenden, regen das Denken an und liefern eine köstliche Belohnung.

Hühnerschaukel: Die Hühner scheinen gern darauf zu sitzen – das sieht auch nett aus. Ich frage mich, ob sich die Hühner auch über einen aufgehängten Korb oder eine kleine Hängematte freuen würden.

Werden Sie kreativ!

Lassen Sie Ihrer Fantasie freien Lauf, um für Ihre Hühner Dinge zu basteln, die ihr Leben bereichern. Falls Sie Fotos Ihrer Objekte in den sozialen Medien posten, freue ich mich, wenn Sie mich taggen.

Schnüffelmatte: Für Hunde gibt es sie zu kaufen, für Hühner kann man sie leicht selbst machen. Verstecken Sie in der Matte ein paar Mehlwürmer, und Ihr Huhn kann seinen Scharrtrieb ausleben.

Verstecken: Hängen Sie einen sauberen altmodischen Mopp so auf, dass die Hühner daruntergehen können, um Verstecken zu spielen.

Futterspender aus Wasserflasche: Stechen Sie in eine leere Plastikflasche ein paar Löcher und füllen Sie die Flasche sodann mit Hühnerfutter. Die Löcher müssen zahlreich sein und so groß, dass die Körner hindurchpassen. Die Hühner werden die Flasche anpicken und an ihr scharren; wenn sie über den Boden rollt, fallen die Körner heraus.

Grillenröhre: Füllen Sie ein Rohr mit Grillen oder anderen bei Hühnern beliebten Insekten. Die Löcher müssen so groß sein, dass die Grillen herausfallen können. Ihre Hühner werden begeistert sein.

Verschiedene Ebenen: Stellen Sie unterschiedlich hohe Holzblöcke in das Hühnergehege. Hühner hocken sich gern auf verschieden hohe Stangen oder Gegenstände.

Sonnenblume: Hängen Sie im Auslauf eine Sonnenblume auf, oder noch besser: Pflanzen Sie dort eine. Sonnenblumen bieten sowohl Futter als auch Beschäftigung, denn die Hühner werden hochflattern und den Blütenkopf anpicken, damit die leckeren Samen herausfallen.

Sandkasten: Eine Freundin von mir hat einen alten LKW-Reifen in den Hühnerauslauf gelegt und mit Sand gefüllt. Darin nehmen ihre Hühner jetzt Sandbäder.

Hindernis-Parcours: Bauen Sie einen kleinen Hindernis-Parcours auf, den Ihr Huhn durchlaufen muss, um an sein Futter zu gelangen. Fangen Sie mit einfachen Hindernissen an und stellen Sie das Futter so auf, dass das Huhn es sieht. Mit der Zeit erschweren Sie den Zugang zum Futter.

Abwechslung: Hühnern sollte man eine abwechslungsreiche Umgebung bieten. Pflanzen Sie Büsche, unter denen sie sich verstecken können, und füllen Sie Futter in ein Intelligenzspiel („Puzzle“), damit sich die Hühner anstrengen müssen, um dranzukommen.

Hühner in Not

In gewisser Weise bedauere ich sämtliche Tiere, die von Menschen als Nutztiere gehalten werden. Sobald Menschen entschieden haben, dass ein Tier für sie von Nutzen ist, nimmt die Lebensqualität dieser Art erschreckend rasch ab. Allein wir US-Amerikaner konsumieren acht Milliarden Hühner pro Jahr. Wir essen die Eier, die sie legen, und fertigen aus ihren Federn die unterschiedlichsten Dinge, angefangen von Schuhen über Geschirr und Platinen bis hin zu Windeln. Weil männliche Küken als unerwünscht gelten, werden sie entweder bei lebendigem Leib zermahlen oder aber in lichtlosen Kellern als Kampfhähne gehalten, nachdem man ihnen Kamm und Kehllappen mit der Schere abgeschnitten hat. Hennen werden als Legehennen gezüchtet, die ungefähr 350 Prozent mehr Eier legen als von der Natur eigentlich vorgesehen; wenn sie keine Eier mehr legen können, verarbeitet man sie zu Suppenhühnern oder Haustierfutter. Hühner sind so unglaublich anpassungsfähig, dass sie auch in albtraumartigen, fabrikähnlichen Haltungsbetrieben überleben. Machen wir uns nichts vor: Milliarden dieser Tiere fristen ein ziemlich abscheuliches Dasein.

Hühner sind Geschöpfe Gottes und sollten mit Respekt behandelt werden. Sie leben und atmen, sie besitzen Persönlichkeit, sie kennen Angst. Sie können alt und schwach werden. Sie haben enge Freunde. Sie empfinden Schmerz. Sie können frieren und sind anfällig für Frostbeulen. Wer schon einmal erlebt hat, wie Glucken ihre Küken rufen, weiß, dass sie ihre Jungen tatsächlich lieben. Diese bedauernswerten Kreaturen werden seit Jahrhunderten vom Menschen gequält, und das haben sie ganz und gar nicht verdient.

Wissenschaftler haben herausgefunden, dass Hühner die nächsten heute lebenden Verwandten des mächtigen *Tyrannosaurus rex* sind, des berühmtesten aller Dinosaurier. Allein schon das sollte uns etwas Respekt abnötigen. Meine Freundin Susan, ehemalige Besitzerin eines Geschäfts für Hühnerzubehör, sagte einmal: „Ich bin mir ziemlich sicher, dass Hühner uns fressen würden, wenn sie könnten." Da es sich bei ihnen um Miniaturausgaben des *T. rex* handelt, zweifle auch ich nicht daran.

Meine Hühner sind Haustiere. Ich bin für sie und ihr Wohlergehen verantwortlich. Ich freue mich darüber, dass sie schöne, köstliche Eier legen, doch ich betrachte das einfach nur als Bonus. Sie sind Familienmitglieder und bleiben es auch dann, wenn sie nicht mehr legen. Ihr Zuhause ist unsere große Scheune, in der sie Biofutter finden und nach Herzenslust herumscharren und -picken können. Wenn es ihnen nicht gut geht, bringe ich sie zum Tierarzt. Sie können die Sonne genießen, im Gras nach Insekten jagen und täglich Sandbäder nehmen. Sie leben ein schönes Hühnerleben.

Viele meiner Freunde, die Hühner halten, ermöglichen ihnen ein ähnlich artgerechtes Dasein und umsorgen sie liebevoll. Mein Eindruck ist, dass immer mehr Leute Hühner als Haustiere halten. Wenn jemand vor 500 Jahren gesagt hätte, dass er sich einen Hund einfach nur so aus Vergnügen halte und ihn bei sich im Bett schlafen lasse, hätte man ihn wohl für verrückt erklärt. Mit den Hühnern ist es dasselbe. Manchen Leuten mag es seltsam vorkommen, Hühner als Haustiere zu halten, doch für immer mehr Menschen ist das eine Bereicherung.

Wir erleben also gerade traurige Zeiten für Hühner – und gleichzeitig auch sehr aufregende. Weltweit werden immer mehr Organisationen gegründet, die Hühner retten und sie auf Gnadenhöfen unterbringen. Freiwillige opfern Zeit und Energie, um diesen Vögeln und anderen hilfebedürftigen Tieren einen schönen Lebensabend zu ermöglichen. Falls Sie sich überlegen, sich Hühner zuzulegen, wäre es eine gute Idee, zunächst einmal auf einem solchen Gnadenhof zu volontieren. Sie werden dort Zeit mit Hühnern verbringen und sicherlich vieles über sie lernen.

An dieser Stelle seien einige Tierschutzvereine und Gnadenhöfe in Deutschland und Österreich erwähnt, die sich speziell dem Schutz und der Rettung von Hühnern verschrieben haben:

- www.rettet-das-huhn.de
  (Vermittlung „ausgedienter“ Legehennen)
- www.stark-fuer-tiere.de
- www.gnadenhof-liebenswert.de
- www.gnadenhofpapillon.org
- www.rettedeinhuhn.at

Register

Über die Autorin

Das Interesse am Verhalten von Tieren erwachte bei Autorin Giene Keyes, als sie 1990 einen Windhund von der Rennbahn adoptierte. Dieser Hund zeigte den schwersten Fall von Angststörung bei Tieren, der Giene jemals untergekommen ist. Doch sie lernte durch ihn viel über die Psyche und das Lernvermögen von Hunden – ein Wissen, das sie ab 1995 mithilfe eines molligen kleinen Labradorwelpen vertiefte. 1997 gründete sie eine Hundeschule, für die sie eigene Methoden der positiven Verstärkung entwickelte. Zusammen mit Techniken positiver Verstärkung, die sie bei der Ausbildung von Pferden erprobte, bildeten diese Methoden die Grundlagen für ihre Trainingsarbeit mit Hühnern und anderen Tieren.

Heute ist Giene eine professionelle Hundeausbilderin, die sechsmal vom *Madison Magazine* mit dem „Best of Madison Gold" und vom *Pet Age Magazine* mit dem „National Best Business Award" ausgezeichnet wurde. Sie gründete eine der ersten Hundebetreuungen im Mittleren Westen der USA, studiert weiterhin das Verhalten von Tieren und engagiert sich dafür, das Leben von Menschen und ihren Haustieren zu verbessern. Als Expertin für aggressives Verhalten und andere psychische Störungen von Hunden arbeitet sie eng mit Tierheimen zusammen, begutachtet Hunde für Vermittlungen, entwickelt Managementprogramme für aggressive Hunde und unterweist Pflegepersonal in Hundesprache und Rudelmentalität. Sie berät Tierheime, Hundebetreuer und Ausbilder von Assistenz- und Therapiehunden. Als Aufsichtsratsmitglied des Gnadenhofs Heartland Farm Sanctuary entdeckte sie ihre Leidenschaft für Schweine und Hühner.

Giene hält regelmäßig Vorträge über Tierverhalten, Ausbildung und operante Konditionierung. Großer Beliebtheit erfreuen sich ihre Hühner-Workshops, die gern als teambildende Maßnahmen genutzt werden. Laufend ist sie bei Radio- und TV-Sendungen sowie Podcasts zu Gast, und auch Printmedien würdigen ihre Arbeit: Das *Wisconsin State Journal* berichtete bereits über ihr Clickertraining für Hühner, bei *Wisconsin Woman* kam sie 2010 aufs Titelblatt.

Wenn sie nicht gerade Workshops gibt oder auf Vortragsreise ist, lebt Giene auf ihrer kleinen Farm inmitten der sanften Hügel des südlichen Wisconsin und genießt den Alltag mit ihrer Familie, ihren Hunden, Katzen, Schweinen und natürlich ihren schlauen Hühnern.

Website: www.gienekeyes.com
Facebook: Facebook.com/ChickenClickerTraining
Instagram: @chicken.training

Bildnachweis

Umschlag vorn: Huhn: stockphoto mania/Shutterstock; Clicker: DenisNata/Shutterstock

Inhaltsverzeichnis/Grafik Huhn und Fußabdrücke, Umschlag hinten, Seiten 3–5, 19, 20, 30, 34, 35, 43, 61, 65–67, 81, 85, 86, 92, 98, 105, 106, 111, 113, 121, 129, 135: katyalitvin/Shutterstock

Cluck the Chicken Store: 31 (unten), 35

Tina Gerber: 14

Mit freundlicher Genehmigung von Giene Keyes: 7, 9–11, 16 (rechts), 18, 20, 22, 23, 28, 30 (oben und unten), 31 (unten), 36, 37 (oben), 38, 40, 42, 43, 46, 47 (oben), 49, 50, 52, 62 (unten links und rechts), 63, 69, 85, 87 (oben), 91, 100 (links und rechts), 103, 118, 119, 122, 127, 128, 134, 142

Abby Wicker: 16 (links), 24, 25, 47 (unten), 48, 58, 60–62 (62 oben), 64, 67, 71, 88, 96, 101 (oben, Mitte und unten), 104, 107, 108, 112, 115

Die folgenden Seiten mit freundlicher Genehmigung von Shutterstock: alexei_tm, 133; Big Foot Productions, 126; WilleeCole Photography, 21; cynoclub, 57, 120 –121; Tracey Helmboldt, 117; Eric Isselee, 19 (links), 123 (unten); Kpuleo, 123 (oben); Dmitriy Krasko, 37 (unten); Erik Lam, 19 (rechts); l i g h t p o e t, 83; Louella938, 59 (unten); Oleksandr Lytvynenko, 137; Anastasiia Malinich, 135 (unten); B-D-S Piotr Marcinski, 68; Milosz_G, 45; monticello, 55; Nach-Noth, 132; DenisNata, 56; Aksenova Natalya, 97; Olhastock, 1; Lena Pan, 70; pets in frames 27; ANURAK PONGPATIMET, 86; PRESSLAB, 125; pryzmat, 134 (unten); Suthida Sririttha, 111; Kuttelvaserova Stuchelova, 135 (oben); Galyna Syngaievska, 51; Tsekhmister, 8, 84, 89; TTstudio, 13, 95, 131; Twin Sails, 33; Wild As Light, 41, 90; yevgeniy, 39; yevgeniy11, 93; Ratmanant Yotsurin, 59 (oben)